萨巴厨房®

广式滋补靓汤

萨巴蒂娜◎主编

中国轻工业出版社

一碗老火汤的温柔

　　若干年前来到广州，记得那是一个有点湿冷的下雨天，雨丝落在肥大的阔叶植物上，闪烁着光泽。于是随便在住的地方附近找了一间很老的汤馆坐了进去。里面老人居多，说着我完全听不懂的粤语，让看港剧长大的我，感觉熟悉又陌生。

　　我点了一碗海带排骨汤。汤早就煲好了，所以直接端了上来。坦白说，卖相不好，有点发灰，但是汤很浓很浓，骨头熬得几乎融化了。喝一口下去，感觉满口都是一种长时间熬煮才有的浓郁，从唇到舌，甚至是喉咙和胃，都是那样舒坦。忍不住将一碗汤喝了个干干净净，扬手又叫了一碗。出店的时候，浑身暖洋洋，简直扬眉吐气。所谓食物给人的最大善意，不过如此。

　　此后接连几天，每天都去那个汤馆，把每种汤都挨个尝了个遍。长居广州的老姐善解人意，临走的时候给我一大包煲汤的中药材，让我此后在北京的家里开起了汤铺。尤其爱排骨汤，只需几块排骨，加入海带、冬瓜或者黄豆，再来块姜，丢进块陈皮，辅以耐心和时间，就好喝得不行。偶尔款待朋友，但更多的是自己享受。

　　一碗老火汤，不只是齿颊留香，更多的是给身心的滋补。如果中国菜是中国的精粹，老火汤便是精粹中的巅峰。TVB港剧中的各样角色，无论是英雄豪杰，还是狡诈奸臣，遇到一碗老汤的时候，都会立刻眉开眼笑，落座品尝。

　　学会煲汤，更是一件时髦事。

　　拿起这本书，至少学会煲三款好汤吧！

萨巴蒂娜
个人公众订阅号

萨巴小传：本名高欣茹。萨巴蒂娜是当时出道写美食书时用的笔名。曾主编过五十多本畅销美食图书，出版过小说《厨子的故事》，美食散文集《美味关系》。现任"萨巴厨房"主编。

敬请关注萨巴新浪微博 www.weibo.com/sabadina

目录
CONTENTS

计量单位对照表

1 茶匙固体材料 =5 克　　1 茶匙液体材料 =5 毫升

1 汤匙固体材料 =15 克　　1 汤匙液体材料 =15 毫升

初步了解全书　　　　　　　8

煲汤常用食材　　　　　　　9

煲汤小贴士　　　　　　　　12

高汤和老汤的制作及保存　　14

01　精力充沛 活力十足

腊肉冬笋排骨汤
18

瑶柱虾干排骨汤
19

虫草菇干贝龙骨汤
20

白胡椒芡实猪肚汤
22

菠菜猪肝汤
24

沙参麦冬瘦肉汤
25

坚果羊肉汤
26

萝卜牛肉汤
28

番茄胡萝卜牛骨汤
30

腰果北芪炖牛尾
32

竹蔗玉竹炖牛腱
34

麦冬海底椰煲兔肉
35

栗香鸡汤
36

松茸鸡汤
38

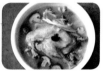

冬菇云腿炖土鸡
40

茶树菇煲鸡腿
42

当归红枣乌鸡汤
43

柚皮煲老鸭
44

核桃桂圆炖乳鸽
46

百合无花果鸽子汤
47

骆妈妈鲫鱼汤
48

柠檬青苹果三文鱼汤
50

杂豆鱼片汤
51

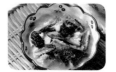

羊肚菌炖鱼头汤
52

豆苗鱼丸汤
54

02 调理肠胃 神清气爽

海带绿豆排骨汤
56

冬瓜薏米排骨汤
58

番茄土豆小排汤
60

陈皮山楂炖瘦肉
62

酸菜肉丝冻豆腐汤
64

山楂茯苓炖鸡
65

胡萝卜莴笋鸡丝汤
66

苦瓜莲藕老鸭汤
68

青梅海带牛尾汤
70

双色豆芽鱼片汤
72

丝瓜毛豆干贝汤
74

芦笋胡萝卜蛤蜊汤
76

萝卜竹笋虾干汤
78

鲜虾竹荪白菜汤
80

菠菜虾仁汤
82

黄心乌豆腐汤
83

圆白菜胡萝卜玉米
炖嫩笋
84

黑白双丝荠菜豆腐汤
86

综合菌菇白菜汤
88

木耳白菜清肠汤
90

什锦叶菜汤
91

红薯杂豆汤
92

冬笋紫菜汤
94

苹果菜花笋干汤
96

核桃花生冬瓜汤
98

03 温和滋补
滋润身心

雪菜黄鱼汤
100

西洋参鲈鱼汤
102

三色银鱼汤
104

荠菜鱼片汤
106

豆腐鱼头汤
108

火腿干丝黑鱼汤
110

虫草菇鲜虾汤
112

菜干杂菇干贝汤
114

苹果无花果炖海参
116

黑豆花生乌鸡汤
118

山药栗子土鸡汤
120

西洋菜干贝鸡汤
122

山药枸杞老鸭汤
124

桂圆老鸭汤
126

二莲炖老鸭
127

陈皮白果炖老鸭
128

党参冬菇鸽子汤
130

莲藕红枣龙骨汤
132

玉米胡萝卜枸杞
排骨汤
134

花生芸豆鸡脚
猪肚汤
136

芪杞猪肝汤
138

菜心虾干炖猪肺
140

杂果瘦肉汤
142

雪梨枇杷胡萝卜
肉片汤
144

冬笋萝卜羊肉汤
146

牛肉番茄浓汤
148

04 护肤美颜
自然细腻

黄豆花生猪脚汤
150

核桃黑豆瘦肉汤
152

杞桂乌鸡汤
153

虫草菇麦冬炖鸡脚
154

雪梨木瓜炖乳鸽
156

黑糖益母草鸽子煲
158

龙井鲜虾莼菜汤
159

木瓜银耳鲫鱼汤
160

木瓜炖雪蛤
162

花胶苹果雪梨汤
164

沙参玉竹冬瓜汤
166

两红两白汤
168

莲子百合绿豆汤
170

南瓜牛奶西米羹
172

芒果陈皮糯米羹
174

青梅银耳山药羹
176

酒酿雪梨百合羹
178

花生核桃椰汁炖奶
179

甜甜杂果汤
180

罗汉果绿豆薏米汤
182

竹蔗荸荠玉米甜汤
184

蜜恋甜汤
186

三果两豆汤
188

时间、难易度
清楚明了

看着名字
就流口水

营养贴士让
你吃出健康

品尝菜肴也是
有情怀的

需要用到的食
材一目了然，
要打有准备
的仗

详尽直观的操
作步骤让你简
单上手

烹饪秘籍，让你与美味
不再失之交臂

为了确保菜谱的可操作性，

本书的每一道菜都经过我们试做、试吃，并且是现场烹饪后直接拍摄的。

本书每道食谱都有步骤图、烹饪秘籍、烹饪难度和烹饪时间的指引，确保你照着图书一步步
操作便可以做出好吃的菜肴。但是具体用量和火候的把握也需要你经验的累积。

╱煲汤常用食材

原则上食材是越新鲜越好，但现代人生活节奏快，忙碌的时候不一定能够每天去菜市场挑选最新鲜的食材。所以除了河鱼、河虾是需要鲜活的，其他的根据自己的实际条件来购买。比如一次买好放在冰箱冷冻，吃时取出解冻。注意冷冻前要将食材分成小包装，这样方便后续使用。

不同食材的营养功效不同，从营养学角度讲，只要不是每天大量吃某种食物，一般不会有什么问题。建议根据季节来选择当季食材最为妥当。

猪瘦肉

新鲜猪瘦肉呈淡红色或鲜红色，切面光泽无血液，煲汤时主要选取猪腿肉的瘦肉部分。

老鸭

鸭为凉性食材，夏天时可搭配去火食材，冬季时可搭配温补食材。注意2年以上的鸭才叫老鸭。

羊肉

羊肉是热性食材，宜搭配一些凉性蔬菜。煮汤时主要选用瘦肉和骨头。羊肉膻味比较大，推荐使用宁夏盐池滩、内蒙古锡林郭勒盟、新疆天山两侧产的羊肉，膻味会小很多。

乌鸡

乌鸡是营养价值很高的食材，建议四季常食。

土鸡

鸡宜搭配温补性的食材。煲汤一般选用散养的母鸡，一年以上的最佳。

猪骨

可以用来炖汤的猪骨部位有筒骨（腿骨）、龙骨（脊骨）、排骨。本书菜谱中选取的猪骨类型主要是从汤成品的整体外观考虑，实际上在制作时可以根据现有食材自己调整。

牛肉

挑选时要闻气味是否正常、摸肉是否有弹性、看肉的纹理是否清晰、肉色是否有光泽。煮汤主要选用瘦肉和骨头。

鸽子

鸽子的营养极易被人体吸收，是滋补佳品，一般鸽子类的汤用隔水炖的最好。

黑鱼

黑鱼刺少，蛋白质含量高，是一种很容易熬出浓白汤的鱼。如果总是熬不出奶白色的鱼汤，不妨试试黑鱼，成功率会高很多。

鲫鱼

鲫鱼是比较常见的鱼，并且价格十分亲民，缺点是鱼刺略多。鲫鱼熬汤会有种清淡的鲜味，如果家里有老人小孩，建议把鱼放在专门的纱布袋里熬制，这样可以免于鱼刺的困扰。

黄鱼

黄鱼有种特有的鲜味，特别适宜搭配雪菜和豆腐。休渔期结束刚开海那段时间的黄鱼味道尤其好。

胡萝卜

胡萝卜算是炖汤的万金油食材，不知道该放啥时就选它，都是可以的。

莲藕

莲藕不要选太白的，带一点泥的反而更安全。藕是炖汤佳品，放了藕的汤会有特有的清甜。

虾干

虾干就是大虾晒制的干，一般建议自制，可以选取比较好的虾来晒。夏天时把鲜虾洗净，挑去虾线，直接在太阳下晒干即可，或者用烤箱60℃上下火烤干。

山药

山药有做菜的山药和炖汤的山药之分，一般人不大分得清，最好在采买时直接告诉卖家你要买来炖汤的，炖汤的山药口感比较糯。

冬瓜

冬瓜适宜和一些比较清淡的食材搭配，汤头清爽。

笋

最好选用新鲜的笋，非笋季可以用笋干代替，会有另一种风味。

海底椰、麦冬、玉竹

这几样是广式汤中的常备药材，滋阴润肺。不认识它们没关系，现在网上很多卖煲汤原料的店都有的，建议买一些放冰箱冷藏，一般用量小，能用很久。

虫草菇

一种营养价值很高的菇，这几年普遍使用，价格有所下降。用它搭配肉类食材都很赞，尤其是家禽类，更能彰显菇的味道。

陈皮

不是所有的橘子皮都是陈皮，最好的陈皮是广东新会陈皮，年份越久越贵。建议买些一两年的自己存放，每年夏天记得拿出来曝晒两三次。

黄芪、枸杞子、红枣

保温杯好搭档，温补作用好。黄芪容易生虫，要放在冰箱冷冻层。

火腿

浙江金华或者云南邓诺的火腿都可以，不用讲究非买几年的，能买到真的都很好。

╱ 煲汤小贴士

• 煲汤食材搭配 •

根据食材特性：**热性主食材**一般会搭配去火的材料，例如羊肉配萝卜；温补类主食材，如鸡、鸽子，通常搭配温补的配料，如红枣、枸杞子、山药等。

根据季节：在选择配汤的副食材时，最好选择当季食材，比如冬笋一般在11月到次年2月最好，荠菜是每年春天最为鲜美。此外，冬春季节宜选择滋补类的食材、夏天选择有去火功效的食材、秋天则选滋阴润肺的食材。

根据口味：本书里的汤品口味都在传统老火汤的基础上有微调，更符合现代人的要求，有很多微甜、微酸的汤品。有时想喝汤可以不用考虑那么多，只选今天想喝的味道即可。

• 食材下锅时间 •

不管是焯水还是炖汤，肉类食材一般都是冷水下锅，这样肉里的蛋白质和鲜味物质才能在加热过程中充分释放出来；一般情况下，炖汤时就放入所有食材，但有些食材易熟程度不同，这时一般遵循难煮的先煮，易熟的后放的原则，可以保持汤品口感的一致性。

调味食材姜一般在最开始时和主食材一起加入锅中，盐是在汤品快出锅时才加入，加盐太早会影响鲜味物质的释出。

• 食材的处理 •

肉类食材：煲汤的肉类食材，除了整只的禽类，最好都要提前焯2~4分钟，焯时也是冷水下锅，焯的时间从水开后开始计算。焯水能起到去腥、去血沫的效果，熬出来的汤品会更透亮。

有些食材血污较多，在焯水后熬制时浮沫也较多，比如鸭子、内脏类食材，这时可以在熬煮过程中撇几次浮沫，去除浮沫可以让汤的味道更加鲜美。

豆子类食材：豆子一般都不易熟，可洗净后提前用凉水浸泡，最好放置在冰箱中冷藏浸泡6~8小时，如果不能提前浸泡，在熬制时多煮半小时也可以。

泡发类食材：有些干货食材泡久一些也不会影响口感，比如木耳、银耳，可以提前6小时左右泡发；而有些鲜味食材，比如虾干和干贝，一般泡发30分钟左右即可；如果食材在浸泡时已经处理得很干净，那么浸泡后的水可以直接倒入锅内使用。

· 水量的掌控 ·

根据火候不同，水分蒸发速度有差异，熬汤时耗水量也不同。一般大火的耗水量是每小时20%，小火的耗水量是每小时10%。水量和食材的比例，一般建议水量是食材重量的两三倍。结合这些原则，书中水量会根据食材和熬制时间而有调整。

本书中水量是用毫升来计算，如果没有称量工具，教你个简单的方法，用500毫升的干净饮料瓶，装满水后倒入自家常用碗中，看能倒几碗，这样大致就知道碗的容量了，后续可以用碗来称量水量。

水最好一次加足，如果中间发现水量不合适要添加时，要加热水。

· 火候掌握 ·

30分钟以内的为快速汤，对火候的要求根据具体汤品有差别。

熬制时间在30分钟以上的汤，基本原则是大火烧开，然后转小火熬制。大火烧开

有杀菌消毒的作用，而小火熬制可以使营养物质充分释放，使汤鲜美醇厚，同时能保持食材的完整。

╱高汤和老汤的制作及保存

高汤是常用的辅助性材料，在烹制时代替水，能使成品更加鲜美。

╱蔬菜高汤╱

食材

- 香菇 3 朵
- 圆白菜叶 15 克
- 胡萝卜 50 克
- 洋葱 1/4 个

这种汤可以用来煮面条，或者炒蔬菜时加一些，提鲜效果很好。

 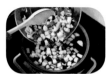

1. 将所有食材洗净，切成小块。

2. 锅中加水1500毫升，放入切好的食材，大火烧开，转小火熬制1小时

3. 滤出蔬菜即可。

╱高汤保存方法╱

两天内能用完的高汤，放入冰箱冷藏即可；若两天内用不完高汤，倒入冰格中，放置冰箱冷冻室，需要时一块一块地取即可。

食材

• 鸡胸骨 500 克

1. 鸡胸骨洗净，凉水下锅，水开后焯2分钟，捞出待用。

2. 锅中加水2000毫升，放入鸡胸骨，大火烧开。

 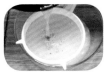 

3. 转小火熬制2小时左右至鸡胸骨用勺子可以压碎。

4. 捞出鸡胸骨，滤掉杂质。

5. 用吸油纸吸掉表面油脂即可。

/大骨高汤/

食材

• 猪骨头 500 克

1. 猪骨头洗净，凉水下锅，水开后焯3分钟，捞出洗净，待用。

2. 锅中加水3000毫升，放入猪骨，大火烧开，转小火熬制3.5小时。

3. 将猪骨捞出，滤掉汤中杂质，用吸油纸吸掉表面油脂即可。

老汤源自第一锅汤，经过岁月，留下时间的痕迹和香味。第一锅老汤也可以称为老汤的"祖宗"了，后续每次在炖鸡、排骨、牛肉时取出，放至锅内，再加清水、香料煮制，然后依照第一锅老汤的方法取出一部分保存，如此反复，即得老汤。老汤的食材可根据自己的需求选择，香料也并不限定以下几种，但是注意在制作老汤时不要加入葱、蒜、酱油，这几种会影响汤汁的保存。

制作第一锅老汤用料：猪肉（鸡肉）、花椒、八角、肉桂、豆蔻、桂皮、陈皮、香叶、小茴香、干姜、盐等各适量。

1. 提前将猪肉（鸡肉）处理干净，放入锅中，加入适量清水，倒入调味料。

2. 大火煮开后转小火熬煮2小时，熬好后用滤网滤出高汤。

3. 过滤好的高汤自然冷却，除使用的以外，留500毫升左右放入冰箱冷冻。

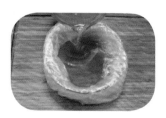

还可以将制作好的高汤倒入一次性的冰冻自封袋，灌入高汤后放入冷冻室，吃时取用。这种方法使得高汤不会和外界接触，能更好地保持高汤的鲜美，因此更为推荐。

精力充沛
活力十足

相遇不易／

／腊肉冬笋排骨汤

🕐 烹饪时间：140分钟
🔥 难易程度：简单

主料

腊肉20克　小排200克　冬笋150克

辅料

生姜2片　料酒半汤匙

营养贴士

小排含有丰富的蛋白质、骨胶原和钙质；冬笋富含维生素A、维生素B_2、维生素B_1，还有大量的膳食纤维。这道汤营养较为均衡，适宜冬季进补。

经历过时间浸染的腊肉，用浓情感染小排，激发出冬笋的热情，几种食材相辅相成，不喧宾夺主，亦不埋没自己，入口时，仿佛在述说一个故事。

做法

1　腊肉切薄片。

2　冬笋去皮，切滚刀块。

3　小排剁成3厘米的段，洗净。沥干待用。

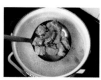

4　小排冷水下锅，水开后加入料酒，焯2分钟，捞出沥干。

5　另起砂锅，将所有主料与生姜放入，加水约2000毫升。

6　大火烧开，转小火煲2小时即可。

烹饪秘籍

1　要挑选偏土黄色、包裹严实的冬笋，并且掂着手感很沉，这样会比较嫩。

2　腊肉内含有盐分，所以不用另外加盐。

鲜就一个字

瑶柱虾干排骨汤

🕐 烹饪时间：110分钟
🔥 难易程度：简单

主料

瑶柱10克　虾干20克　排骨150克
鲜玉米200克

辅料

盐2克　生姜2片

营养贴士

虾、瑶柱、排骨都富含蛋白质，能
为人体提供能量。

有时会觉得排骨的味道略单调，想来点变化。用瑶柱和虾的
鲜，激发原本温吞的排骨，立时鲜香不可挡。

烹饪秘籍

1 瑶柱和虾干都是
用来提味的，所以
不用太多，瑶柱有
三五粒即可。

2 鲜玉米要用黄色
的水果玉米，这款
玉米适合炖汤，玉
米粒会吸收汤汁，
变得很饱满，汤也
会带有清甜的味道。

做法

1 瑶柱、虾干洗
净，放入碗内，用
凉水泡发半小时。

2 排骨斩成3厘米
的块，洗净，凉水
下锅，加入姜片，
水开后焯3分钟，捞
出洗净。

3 鲜玉米洗净，切
成2厘米长的段。

4 另起锅，将所有
主料放入砂煲中，
加水约1500毫升。

5 大火烧开，转小
火炖1.5小时。

6 出锅前5分钟加
入盐，搅匀即可。

鲜美温和添活力／

／虫草菇干贝龙骨汤

🕐 烹饪时间：170分钟
🔥 难易程度：简单

主料

干虫草菇20克　干贝10克
龙骨200克

辅料

生姜2片　盐半茶匙

做法

1 虫草菇和干贝提前1小时洗净，冷水泡发。

2 龙骨剁成2厘米长的块，洗净。

3 龙骨凉水下锅，水开后焯2分钟，沥干待用。

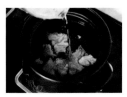

4 另起锅，将龙骨和生姜加入砂煲中，加水约2500毫升。

5 大火烧开，转小火炖1.5小时，加入干贝和虫草菇，继续炖1小时。

6 出锅前5分钟加盐，搅匀即可。

烹饪秘籍

1 如果没有干虫草菇，也可以买新鲜的虫草菇，用量150克。

2 干贝主要是为了提味，放三五粒即可。

3 龙骨就是猪的脊骨，可以用猪筒骨替换。

虫草菇的味道比较柔和，干贝的鲜香结合龙骨的肉香，融在汤里，让虫草菇也平添了几分浓厚，汤喝起来鲜美温和，一碗下去，胃暖暖的，舒服极了。

/白胡椒芡实猪肚汤

🕐 烹饪时间：180分钟
🔥 难易程度：中等

主料

白胡椒粒10克　芡实30克
猪肚150克

辅料

盐3茶匙　生姜3片　料酒半汤匙

营养贴士

白胡椒含有胡椒碱、芳香油，能促进血液循环，让身体热起来。猪肚富含钾、镁等矿物质元素，和白胡椒、芡实相结合，暖心暖胃。

做法

1　去除猪肚外面的油脂层，里外洗净，放2.5茶匙盐反复揉搓，再用清水洗净。

2　芡实洗净，浸泡10分钟，备用。

3　水烧开，放入洗净的猪肚，加料酒，焯2分钟，捞出备用。

4　另起锅，将所有主料和生姜一起加入砂煲中，加水约2500毫升。

5　大火烧开，转小火炖2.5小时。

6　出锅前加入半茶匙盐，搅匀即可。

烹饪秘籍

要认真清洗猪肚，如果清洗后觉得还是有腥味，可以在焯水时往锅里加入四五粒花椒。

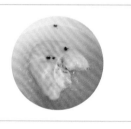

天气寒冷的时候，总想来点热乎的，让身体由内而外暖起来。能贡献这种暖的，非白胡椒和猪肚莫属了，芡实的加入，对胃更加友好。一碗下去，不惧严寒。

翻滚起来吧／

／菠菜猪肝汤

🕐 烹饪时间：30分钟
🔥 难易程度：中等

主料

菠菜200克　猪肝150克

辅料

盐半茶匙　料酒半汤匙　生姜2片

营养贴士
猪肝和菠菜的含铁量都很高，可以为人体造血提供基本的营养素。

虽然制作时略要费心，但是当看着猪肝和菠菜随着沸水翻滚，那颗期待美味的心也跟着欢腾起来。

做法

1 菠菜洗净，切成2厘米长的段。

2 猪肝洗净，切片，加入半茶匙盐、料酒腌15分钟。

3 汤锅中加入约800毫升的水，加入生姜片，大火烧开。

4 将猪肝、菠菜段加入沸水中，轻轻翻动，至菠菜和猪肝变色即可。

烹饪秘籍

1 猪肝要多次清洗，也可以加一点小苏打清洗。

2 猪肝和菠菜都易熟，看到菠菜颜色变深一点、猪肝颜色变暗，即可关火。

汤若是你
沙参麦冬瘦肉汤

⏱ 烹饪时间：130分钟
🔥 难易程度：简单

主料

沙参50克　麦冬15粒　猪瘦肉150克

辅料

盐半茶匙　生姜1片

营养贴士

瘦肉中蛋白质和铁元素含量较高，这些是人体保持活力的必需营养素。

想过轰轰烈烈的人生，还是平平淡淡的生活？这款汤味道清淡却回味无穷。就像生活，虽然平平淡淡，却能走得深远。

烹饪秘籍

1 如果追求口味的层次感，可以加入梨块，和其他主料一起入锅。

2 如果没有沙参，可以用海底椰代替。

做法

1 沙参、麦冬洗净备用。

2 瘦肉洗净，切5毫米厚的片，开水下锅，加姜片，焯2分钟。

3 另起锅，将所有主料放入锅中，加水约2000毫升。

4 大火烧开，转小火炖2小时。

5 出锅前加入盐，拌匀即可。

／坚果羊肉汤

🕐 烹饪时间：140分钟（不含浸泡时间）
🔥 难易程度：中等

主料

羊肉150克　核桃仁30克　花生30克
杏仁20克　红枣2颗

辅料

盐半茶匙　生姜3片　花椒粒10粒

营养贴士

羊肉肉质细嫩，且富含蛋白质、B族维生素，羊肉的脂肪、胆固醇含量相对较低，容易被人体吸收，能有效提高人体免疫力。坚果中含有亚麻酸、亚油酸等人体必需脂肪酸，能为大脑提供必需的营养。

做法

1 羊肉洗净，剔去筋膜，切5毫米厚的片，放入冷水中，加入花椒粒，浸泡2小时。

2 浸泡好的羊肉凉水下锅，水开后焯3分钟，其间不停撇去浮沫，捞出洗净。

3 核桃仁、花生、杏仁洗净备用。

4 另起锅，将所有主料与生姜一起放入砂煲，加水约1500毫升。

5 大火烧开，转小火炖2小时。

6 出锅前5分钟加入盐，搅匀即可。

烹饪秘籍

1 如果不习惯羊肉的膻味，可以买宁夏盐池滩的羊或者内蒙古锡林郭勒盟的羊，膻味相对小很多。

2 去羊肉膻味的一个很好的方法就是用花椒水浸泡。

羊肉温补，最适合在寒冷的冬天，叫上三五好友一起享用。独乐乐不如众乐乐，大家一起发光发热，造就一碗好汤。

红与白，粉墨登场／

／萝卜牛肉汤

🕐 烹饪时间：110分钟
🔥 难易程度：简单

主料

牛瘦肉100克　胡萝卜150克
白萝卜200克

辅料

生姜2片　盐半茶匙　料酒半汤匙

做法

1 胡萝卜、白萝卜洗净，去皮，切滚刀块。

2 牛肉洗净后切约5毫米厚的片。

3 牛肉凉水下锅，水开后加入料酒，不停撇去浮沫，浮沫撇净后捞出牛肉。

4 另起锅，将所有主料与生姜一起加入砂煲中，加水约1500毫升。

5 大火烧开，转小火煲1.5小时。

6 出锅前5分钟加入盐，搅匀即可。

烹饪秘籍

1 可以选择牛里脊肉或者牛黄瓜条肉，选瘦肉多的部位。

2 在锅内温度最高时倒入料酒，能更好地通过挥发起到去腥的作用。

食材中，胡萝卜和白萝卜习惯了当配角，岂不知，它俩也可以粉墨登场做主角。在这道汤里，牛肉不过是配角，萝卜们才是主角，红白搭配，吸引了更多的眼球。

／番茄胡萝卜牛骨汤

🕐 烹饪时间：140分钟
🔥 难易程度：中等

主料

番茄2个（约400克）　胡萝卜300克　牛骨200克

辅料

盐半茶匙　油1汤匙

营养贴士

番茄富含维生素C，抗氧化效果极好，有益皮肤健康。牛骨富含钙，番茄和胡萝卜中的维生素能更好地促进人体对钙的吸收，强筋健骨。

做法

1 番茄洗净，入开水锅烫1分钟，拿出晾凉，去皮，切小碎块。

2 胡萝卜片洗净，去皮，切滚刀块。

3 牛骨斩成3厘米大小的块，凉水下锅，水开后焯3分钟，捞出备用。

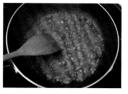

4 炒锅用中火烧七成热（手隔20厘米远能感到热气），倒油，3秒后加入番茄块翻炒，直至番茄出汁，关火。

5 另起砂煲，将牛骨、胡萝卜、番茄一起放入砂煲中，加水约2000毫升。

6 大火烧开，转小火炖2小时。

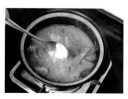

7 出锅前加入盐，搅匀即可。

烹饪秘籍

1 番茄先用油翻炒出汁，是为了让番茄里的汁能更好地和牛肉结合，这样的汤番茄味更浓郁。
2 选取牛脊骨、牛腿骨都可以。

一口番茄浓汤入口，什么世间的纷纷扰扰，好像都和你无关，只有眼前的这碗汤才是最重要的。细细品味番茄的酸甜、牛骨的奶香，这一刻，就是幸福。

补得彻底一点 /

/腰果北芪炖牛尾

🕐 烹饪时间：140分钟
🔥 难易程度：简单

主料

腰果50克　牛尾200克　北黄芪10克

辅料

盐半茶匙　生姜4片　料酒半汤匙

营养贴士

牛尾中含有蛋白质、烟酸、钙等成分，能很好地滋养血液、骨骼，增强体质、促进代谢，进而强健身体，提升人体的免疫力。

做法

1　腰果、北黄芪洗净。

2　牛尾斩成2厘米长的块，洗净，凉水下锅，水开后加入料酒，焯3分钟，捞出洗净。

3　另起锅，将所有主料与生姜一起放入砂煲，加水约2500毫升。

4　大火烧开，炖10分钟后转小火，继续炖2小时。

5　出锅前5分钟加入盐，搅匀即可。

烹饪秘籍

1 北黄芪的功效要好过南黄芪，如果没有北芪可以用南芪代替。

2 在焯牛尾的过程中，注意用漏勺从下往上翻一下，让牛尾里的血水充分释放出来。

3 要选生的腰果，熬出来的汤味道更好。

牛尾是牛身上活动最为频繁的地方，富含胶质，成汤浓稠，结合腰果和北芪，补气养血，强筋壮骨。

／竹蔗玉竹炖牛腱

🕐 烹饪时间：200分钟
🔥 难易程度：简单

主料

竹蔗50克　玉竹10克　牛腱150克
红枣2粒

辅料

盐半茶匙

营养贴士

牛腱富含蛋白质，其中的肌氨酸能促进肌肉生长，增长力量，健身人士可经常食用。

煲汤如同交友，越久才越有味道。老朋友到访，坐在厨房里，伴着汤的咕嘟声，细细交谈，不急不躁。放慢脚步，才能体会生活。

做法

1 牛腱洗净，切块。

2 竹蔗、玉竹洗净备用。

3 牛腱凉水下锅，水开后焯2分钟。

4 将所有主料一起放入炖盅内，加水约500毫升。

5 隔水小火炖3小时，盛出时加盐即可。

烹饪秘籍

1 牛腱的肉比较难熟，最少要炖2.5小时，想要肉更软烂些，最好炖3小时。

2 竹蔗和玉竹是广式汤的常见食材，可以在买麦冬、海底椰时一起备一些，放冰箱冷藏。

静下来品味时光 /

麦冬海底椰煲兔肉

🕐 烹饪时间：110分钟
🔥 难易程度：简单

主料

麦冬10粒　海底椰10克
带骨兔肉200克

辅料

盐半茶匙　生姜2片

营养贴士

兔肉中维生素B_3的含量高，维生素B_3缺乏可导致疲乏、皮炎、口角炎等。适度摄入维生素B_3有助于维护皮肤健康。

没有奢华的语言，没有过多的修饰，就如这道汤一般，麦冬和海底椰似有似无的存在感，却给予了你最好的滋养和安慰。只有静下心来，才能品出滋味。

做法

1 麦冬、海底椰洗净备用。

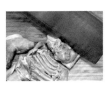

2 兔肉洗净，切大块，200克一般切6~8块。

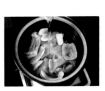

3 将所有主料与生姜一起放入砂煲内，加水约1500毫升。

4 大火烧开，转小火炖1.5小时。

5 出锅前加盐，搅匀即可。

烹饪秘籍

1 根据兔子大小，一般炖1.5~2小时。

2 麦冬和海底椰是广式汤的常见食材，在网上可以买到。

/栗香鸡汤

🕐 烹饪时间：140分钟
🔥 难易程度：简单

主料

鸡块250克 板栗仁100克

辅料

生姜2片 盐半茶匙

营养贴士

鸡肉富含蛋白质及牛磺酸，能为人体提供多种必需的营养素。栗子富含B族维生素及维生素C，能维持血管、肌肉的正常功能。

做法

1 鸡块凉水下锅，水开后焯3分钟，洗净，沥干待用。

2 板栗仁洗净待用。

3 另起锅，将所有主料与生姜一起加入砂煲中，加水约2000毫升。

4 大火烧开，转小火煲2小时。

5 出锅前加入盐，搅匀即可。

烹饪秘籍

1 鸡块焯一下，是为了去腥和去掉血沫，血沫是最容易引起腥味的成分。

2 建议选取河北迁西的板栗，栗香浓郁，软糯适中。

栗子香糯，鸡肉浓香，二者是
一对好搭档。汤里透着栗子的
香甜味儿，栗子浸透着鸡的
鲜。不知道是栗子成就了鸡，
还是鸡成就了栗子，竟一时分
不清楚。

／松茸鸡汤

🕐 烹饪时间：120分钟
🔥 难易程度：简单

主料

鸡块250克　松茸2颗（约50克）

辅料

盐半茶匙　生姜1片

营养贴士

松茸富含多种维生素，且含有多种矿物质，营养价值很高，是不可多得的滋补佳品。

做法

1 松茸洗净，切2毫米厚的片。

2 鸡块洗净，凉水下锅，水开后焯2分钟，捞出备用。

3 另起锅，将所有主料和姜片放入砂煲中，加水约1500毫升。

4 大火烧开后转小火，炖100分钟。

5 出锅前加入盐，拌匀即可。

烹饪秘籍

1 新鲜松茸是有季节性的，能用新鲜的最好，如果没有，可以用三四片干松茸来做这道汤。

2 鸡块可以换成整鸡，整鸡可以省去焯水的步骤。

有松茸在的场合，别的都略显暗淡。松茸
的鲜美，挑逗你的味蕾，加上鸡肉的鲜
香，让你能感受到舌尖的雀跃，妙不可言。

想偷懒时来一碗／

／冬菇云腿炖土鸡

🕐 烹饪时间：200分钟
🔥 难易程度：简单

主料

冬菇150克　土鸡1只（约750克）
云腿15克

辅料

生姜2片　葱1段　料酒半汤匙

营养贴士

鸡肉富含蛋白质且容易被人体吸收，常食可以强身健体、提高免疫力。

做法

1　冬菇洗净，从中间竖切成两半。

2　云腿切2毫米的薄片（约5毛硬币厚度）。

3　土鸡洗净，去脏杂、尾部、头颈。

4　将所有主料与生姜一起放入砂煲，加水约3000毫升，水要没过鸡。

5　大火烧开，加入料酒，转小火炖3小时。

6　出锅前半小时加入葱段即可。

烹饪秘籍

1 冬菇也可以换成杏鲍菇等肉厚的菇，能充分吸收鸡汤的鲜美。

2 本款汤选用的是整鸡，因为鸡尾部和颈部有较多淋巴腺，包含毒素，最好去掉。

3 云腿是一种云南腌制的猪腿，也可以换成江浙的火腿，因为云腿中含有盐分，无须另外加盐。

有时想来碗鸡汤，却不知道该搭配什么，也不愿动脑子去想。这时冬菇总会一跃而出，再放几片云腿，离一碗浓香鸡汤的距离就只剩时间了。

吃点肉，心情好／

／茶树菇煲鸡腿

🕐 烹饪时间：180分钟
🔥 难易程度：简单

主料

鸡腿250克　干茶树菇50克

辅料

盐半茶匙　生姜2片

营养贴士

鸡腿中铁含量较其他部位更多，且氨基酸的含量较高，而且消化率高，易被人体吸收，有增强体力、强健身体的作用。

有些时候就是想大口吃肉，这时，没有什么比鸡腿肉更适合的了。于是，简单一点，直接一点，喝汤吃肉，一起来。

做法

1 鸡腿洗净，斩为大块。

2 干茶树菇洗净，用凉水泡发30分钟。

3 将所有主料及姜片放入砂煲内，加水约2000毫升。

4 大火烧开，转小火炖2.5小时。

5 出锅前5分钟加盐，搅匀即可。

烹饪秘籍

1 本款汤品的重点在茶树菇，不可代替。

2 鸡腿可以替换成鸡块。

3 为了颜色好看，可以在出锅前半小时加约10粒枸杞子。

浓情时刻/
/当归红枣乌鸡汤

烹饪时间：200分钟
难易程度：简单

主料

当归10克　红枣8颗
乌鸡半只（约400克）

辅料

盐半茶匙　生姜1片

营养贴士

乌鸡富含蛋白质、多种微量元素、B族维生素，其中烟酸、铁的含量均高于普通鸡肉，而胆固醇和脂肪的含量却很低，经常食用可以调节人体机能，提高免疫力。

当归和红枣是乌鸡的最佳搭档，它们最懂彼此，味道最为融合。有时候想展现自己浓浓的关爱，给她煲这款汤再好不过了。

做法

1 当归、红枣洗净备用。

2 乌鸡洗净，去脏杂，去尾部。

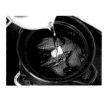

3 将所有主料与生姜一起放入砂煲中，加水约3000毫升。

4 大火烧开，转小火炖3小时。

5 出锅前5分钟加入盐，拌匀即可。

烹饪秘籍

1 本款汤品的味道比较浓郁，盐的用量可以再适量减少些。

2 炖汤的红枣不用太好的，一般4星红枣即可（长度2厘米左右的）。

/柚皮煲老鸭

🕐 烹饪时间：180分钟
🔥 难易程度：复杂

主料

柚皮150克　老鸭400克
枸杞子10粒

辅料

盐适量

做法

1　柚皮刮去白瓤，切细丝，用盐腌2小时。

2　老鸭洗净，切3厘米大小的块，入开水锅焯2分钟，捞出备用。

3　将腌好的柚皮入开水锅焯2分钟，换水，重复焯3次，直至柚皮没有苦味。

4　另起锅，将所有主料放入锅中，加水约2500毫升。

5　大火烧开，转小火炖2.5小时。

6　出锅前5分钟加入盐，搅匀即可。

烹饪秘籍

1柚皮的白瓤是苦的，如果一开始刮不干净，也可以焯完第一次后再刮一次，会容易些。

2用盐腌制柚皮是为了去苦味，腌久一点效果更好，但别超过6小时。

生活有时需要点仪式感，比如煲一
款非常有特色的汤品献给爱人。柚
皮入汤，褪去苦涩，只剩柚香，伴
随老鸭的鲜香滋味，萦绕舌尖，也
增进了感情。

/ 核桃桂圆炖乳鸽

⏱ 烹饪时间：200分钟
🔥 难易程度：简单

主料

核桃仁50克　桂圆干6个
乳鸽1只（约200克）

辅料

盐2克

营养贴士

鸽子的蛋白质含量比一般禽类高，且赖氨酸、蛋氨酸的含量极高。但鸽肉的维生素含量并不高，加入核桃、桂圆，正好弥补鸽肉的这一不足。

忙碌的日子里，要特别对自己好一点，偶尔放松下来，炖只鸽子吧。搭配温补的核桃、桂圆，给你的身体最好的宠爱。身体是一切的基础，这种宠爱，最为值得。

做法

1 乳鸽洗净，去脏杂、尾部，切块。

2 核桃仁、桂圆干洗净。

3 将所有主料放入炖盅内，加水约500毫升。

4 将炖盅小火隔水炖3小时。

5 汤盛出到碗里时加盐即可。

烹饪秘籍

1 本款汤采取的是隔水炖的方式，能更好地保持汤的清爽。

2 因为隔水炖的方式汤里水分损失少，水量只要没过食材即可。

简简单单的滋补汤/

/百合无花果鸽子汤

🕐 烹饪时间：110分钟

🔥 难易程度：简单

主料

鲜百合50克　无花果4个（约100克）
鸽子200克

辅料

盐2克

营养贴士

百合中含有多种生物碱，可滋养血细胞，对血细胞减少有一定改善功效。百合搭配鸽子，看似简单的组合，实则营养素含量极高，能满足人体的多种需求。

不想费力思考食材搭配，只想简简单单地做一道汤。那就做这道汤吧！食材简单又有营养，既满足了胃，又满足了……

烹饪秘籍

1 百合选取新鲜百合，新鲜百合用报纸包着放在冰箱冷藏可以延长储存时间。

2 如果没有新鲜的无花果，可以用干无花果代替。

做法

1 百合剥成片状，洗净；无花果洗净，切成两半。

2 鸽子切成3厘米大小的块，洗净备用。

3 将所有主料加入锅中，锅内加约1500毫升水。

4 大火烧开，转小火炖1.5小时。

5 出锅前加入盐，拌匀即可。

爱的鱼汤 /

/ 骆妈妈鲫鱼汤

⏱ 烹饪时间：30分钟
🔥 难易程度：中等

主料

鲫鱼1条（约400克）

辅料

生姜6片　盐半茶匙

营养贴士

鲫鱼富含蛋白质及磷、铁、钙等矿物质，易被人体吸收，且价格适中，是十分亲民的滋补品。

做法

1　活鲫鱼宰杀后刮净鱼鳞、洗净，用厨房纸巾擦干鱼身上的水分。

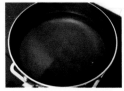

2　炒锅加入约1200毫升的水，开火烧至锅底微微出现气泡。

3　把鱼放入锅中，将姜片均匀从鱼头铺至鱼尾。

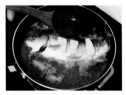

4　中火烧开，其间不断用勺子撇去浮沫，并把热水淋在鱼身上。

5　烧15分钟至鱼汤微白、鱼肉微烂（用筷子可以戳开），关火。

6　把盐均匀撒在鱼身上，即可出锅。

烹饪秘籍

1 鲫鱼要挑鲜活的，要洗净腹腔内背脊处的血线、两侧银黑色薄膜，这样做出来的鱼腥味会淡。
2 不知道多少水量合适，以水可以没过鱼的身体为准。

这是一道有爱的汤，并非鲫鱼汤的传统做法，是刚毕业时室友小骆的妈妈熬的，看似简单的烹制方式却保留了鱼的鲜美，入口的瞬间会惊叹鱼汤原来可以这样清香适口！这道汤也见证了蜗居繁华都市老房子里的两个年轻人的友情。

／柠檬青苹果 三文鱼汤

🕐 烹饪时间：45分钟
🔥 难易程度：简单

主料

青苹果1个（约200克）
三文鱼150克　柠檬1片

辅料

盐2克

营养贴士

三文鱼富含不饱和脂肪酸，对降低胆固醇、健脑、护眼都有帮助，能为人体提供陆上食材缺少的营养素。

打破传统
力的汤

做法

1 青苹果洗净，切滚刀块。

2 三文鱼洗净，切5毫米厚的片，入开水锅焯30秒，捞出备用。

3 放入苹果块，加水约1000毫升，大火烧开，转小火煮20分钟。

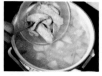

4 将三文鱼加入锅中，小火继续烧20分钟。

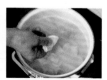

5 出锅前挤入柠檬汁、加入盐，拌匀即可。

烹饪秘籍

1 本款汤品口味偏西式，用柠檬可去除三文鱼的腥味。

2 青苹果可以替换成红苹果、梨。

清清白白／
／杂豆鱼片汤

⏱ 烹饪时间：60分钟
🔥 难易程度：简单

主料

黑鱼片150克　青豆30克　毛豆30克
玉米粒50克

辅料

盐半茶匙　料酒半汤匙

营养贴士

青豆、毛豆、玉米中富含维生素，
鱼片中富含蛋白质，这道汤营养十
分全面。

汤也要讲颜值，鱼片的白结合豆子们的绿，清清白白。星星
点点的玉米作为点缀，更增添了这道汤的情趣。

烹饪秘籍

1 如果觉得配齐三
种豆子很麻烦，可
以直接买配好的青
豆、玉米粒、胡萝
卜丁。

2 黑鱼刺少，鱼片
主要用鱼背两侧的
肉，也可以用龙利
鱼片代替。

做法

1 青豆、毛豆、玉米粒
洗净。

2 鱼片加入盐、料酒腌
制15分钟。

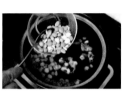

3 炖锅内加水约1000毫
升，大火烧开，加入青
豆、毛豆、玉米粒，炖
20分钟。

4 加入腌制好的鱼片，
继续炖20分钟即可。

／羊肚菌炖鱼头汤

🕐 烹饪时间：110分钟
🔥 难易程度：简单

主料

鲢鱼头1个（约300克）
干羊肚菌2个

辅料

盐半茶匙　油1茶匙　生姜3片

营养贴士

鱼头中含有不饱和脂肪酸和卵磷脂，对大脑神经元十分有益，常吃可以健脑、保持大脑活力。

做法

1 鱼头去鳞和内脏，洗净，切块。

2 羊肚菌洗净，放凉水中泡发半小时，切成4瓣。

3 大火将平底不粘锅烧至七成热，倒油，将鱼头煎至金黄色。

4 汤锅加入约1500毫升水，大火烧开，放入鱼头和羊肚菌，加生姜。

5 转小火炖1.5小时。

6 出锅前加入盐，拌匀即可。

烹饪秘籍

1 羊肚菌是云南野生的一种较珍贵的菌类，只有特定季节有新鲜的，一般买到的都是干品。
2 如果买不到羊肚菌，也可以换成鸡枞菌、牛肝菌。

羊肚菌吸满浓厚的鱼汤，入口的那刻，你会惊叹怎么会如此美味！羊肚菌咬起来软脆适宜，那口感，会让你误以为自己是在吃肉。

／豆苗鱼丸汤

🕐 烹饪时间：30分钟
🔥 难易程度：简单

主料

豆苗200克　鱼丸150克

辅料

盐半茶匙　生姜1片

营养贴士

豆苗富含胡萝卜素、维生素C等营养素，可以抗氧化，常吃可使皮肤幼滑。

时间不够，又想来点清爽的汤。何不试下豆苗鱼丸汤呢？简单快捷、味道清爽，为忙碌的一天保驾护航。

做法

1　豆苗洗净，切成3厘米长的段；生姜切丝。

2　鱼丸解冻，放入开水锅焯1分钟。

3　汤锅内加水约800毫升，烧开，加入鱼丸和姜丝，转中火炖15分钟。

4　加入盐，再加入豆苗，煮2分钟，至豆苗变色后即可。

烹饪秘籍

1 购买鱼丸时，要注意配料成分，要买真的鱼肉做成的，比较推荐温州鱼丸。

2 豆苗颜色变深就可以关火了，不能煮过久。

调理肠胃

神清气爽

海的味道／

／海带绿豆排骨汤

⏱ 烹饪时间：130分钟（不含浸泡时间）
🔥 难易程度：中等

主料

干海带20克　绿豆20克　排骨200克

辅料

盐半茶匙　生姜2片

做法

1 干海带洗净，提前12小时用凉水泡发。

2 绿豆洗净，放入碗中，加凉水浸泡，入冰箱冷藏隔夜。

3 排骨斩成2厘米的段，洗净待用。

4 将泡发好的海带切成宽3厘米的片。

5 排骨凉水下锅，水开后焯2分钟，捞出洗净，沥干待用。

6 另起锅，将排骨、绿豆、姜片一起放入锅中，加水约2000毫升。

7 大火烧开，转小火炖1小时，加入切好的海带，继续小火炖1小时。

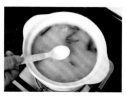

8 出锅前5分钟加入盐，搅匀即可。

烹饪秘籍

1 海带作为一种干货，家里可以常备，吃时泡发即可。

2 如果是新鲜的海带，用量调整为150克。

3 绿豆入冰箱浸泡隔夜，更容易煮烂，也可以直接下锅，但炖汤的时间要延长半小时。

绿豆和排骨在海带面前都相形见绌了，好像这里只是海带的舞台。其实，海带还是受到了它们的影响，变得温和绵软了许多。

／冬瓜薏米排骨汤

🕐 烹饪时间：140分钟
🔥 难易程度：简单

主料

冬瓜300克　薏米30克　排骨150克

辅料

盐半茶匙　生姜1片

营养贴士

冬瓜和薏米的利尿效果都很好，所以称这款汤为消水肿神汤一点都不夸张。

做法

1 冬瓜去皮、洗净，切滚刀块。

2 薏米洗净，放入凉水碗里泡30分钟。

3 排骨斩成3厘米长的段，洗净，凉水下锅，焯2分钟，捞出待用。

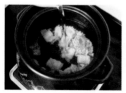

4 另起锅，将排骨段、薏米、姜片放入锅中，加水约2000毫升，大火烧开，转小火炖1小时。

5 加入冬瓜块，继续炖1小时。

6 出锅前加盐，搅匀即可。

烹饪秘籍

出锅前为了美观，可以撒几粒葱花。

本款汤去水肿的效果极佳，而且口味清淡无负担，开开心心来一碗，身体轻松一整圈。此汤虽好，但不宜每天喝哦！

惊艳味蕾的土豆／

／番茄土豆小排汤

🕐 烹饪时间：75分钟
🔥 难易程度：中等

主料

小排 200克　番茄1个（约200克）　土豆200克

辅料

盐半茶匙　油1茶匙

> ### 营养贴士
>
> 土豆中含有蛋白质和淀粉，易消化吸收；番茄富含维生素C；排骨富含蛋白质和钙。三者结合，便是一道即可饱腹又营养丰富的汤品。

做法

1 土豆洗净，去皮，切滚刀块，放入冰箱急冻30~40分钟。

2 小排洗净，斩成2厘米长的段，冷水下锅，水开后焯2分钟，捞出沥干备用。

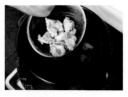

3 砂锅加水约1500毫升，放入焯好的小排，大火烧开，转小火炖40分钟。

4 番茄洗净，去皮，切滚刀块。

5 另起平底不粘锅，中火烧热后加入油，等10秒，放入番茄翻炒至番茄汁渗出，关火。

6 小排炖40分钟后，加入炒好的番茄、冻好的土豆，小火再炖30分钟。

7 出锅前5分钟加入盐，搅匀即可。

烹饪秘籍

1 土豆经过急冻后不容易煮面，且吃起来会有微甜的口感。

2 在炖小排的时候处理番茄，利用统筹方法，可以节约烹饪时间。

当土豆吸满了番茄的酸，又辅之以排骨的香，你会发现这不再是你认识的土豆。是的，当土豆入口的那刻，定会惊艳你的味蕾。

/陈皮山楂炖瘦肉

🕐 烹饪时间：200分钟
🔥 难易程度：简单

主料

陈皮10克　山楂6个　猪瘦肉150克

辅料

盐2克　冰糖10克

营养贴士

陈皮和山楂都有开胃助消化的功效，对食欲不佳有很好的食疗效果。

做法

1 陈皮洗净，切丝。

2 山楂洗净，去核、去蒂。

3 瘦肉洗净，切块。

4 将所有主料和冰糖放入炖盅内，加水约500毫升。

5 炖盅小火隔水炖3小时。

6 盛到碗里时加盐即可。

烹饪秘籍

1 广东新会的陈皮最好。陈皮放的时间越久越贵，炖汤一般用3~5年的即可。
2 可以一次多买一些年份短的陈皮，于阴凉干燥处存放，每年夏天记得拿出来在太阳下暴晒两三次，不然容易生虫。

经常应酬，胃的负担很重；或者由于忙碌而没有胃口。这时，给胃减轻些压力吧。陈皮和山楂，该来大展身手了。

东北地区的当家菜／
／酸菜肉丝冻豆腐汤

🕐 烹饪时间：60分钟
🔥 难易程度：简单

主料

东北酸菜100克　冻豆腐100克
猪瘦肉100克

辅料

盐半茶匙　料酒半汤匙　生姜1片

营养贴士

酸菜中含有乳酸菌、维生素C，还保留了白菜的膳食纤维，开胃助消化。冻豆腐很好地吸收了食物中的油脂，起到解腻的作用。

酸菜可不止出现在饺子馅儿中，作为东汉时就有记载的食材，也是东北地区的冬季当家菜，用它炖汤，别有一番风味。

做法

1 东北酸菜洗净，切丝。

2 瘦肉洗净，切丝，加入料酒腌制。

3 冻豆腐洗净，切小块。

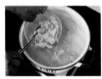

4 锅内加水约1000毫升，大火烧开，加入酸菜丝、肉丝、生姜，煮1分钟后转小火，炖20分钟。

5 加入冻豆腐、盐，继续炖20分钟即可。

烹饪秘籍

1 买一块老豆腐，直接放冰箱冷冻，吃时取出就是现成的冻豆腐。

2 东北酸菜是用大白菜发酵而成的，如果对酸味的接受度低，可以多洗几次。

不会腻的鸡汤/

/山楂茯苓炖鸡

⏱ 烹饪时间：170分钟
🔥 难易程度：简单

主料

山楂4个　茯苓40克
老母鸡半只（约400克）

辅料

盐半茶匙　生姜2片

营养贴士

山楂含有多种有机酸，可以增加胃蛋白酶的活性，有助于蛋白质的消化。山楂还富含维生素C，抗氧化作用极佳。

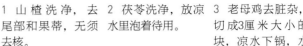

山楂是解腻的好助手，解腻的同时还能开胃，茯苓也有健脾的作用。这道汤开胃解腻，让你拥有好胃口。

烹饪秘籍

1 老母鸡需要炖的时间比较久。如果是整只鸡，不焯水也可以，但是鸡块需要焯水，不然会有腥味。

2 本款汤里还可以加入10克麦芽，对肠胃会更好。

做法

1 山楂洗净，去尾部和果蒂，无须去核。

2 茯苓洗净，放凉水里泡着待用。

3 老母鸡去脏杂，切成3厘米大小的块，凉水下锅，水开后焯2分钟，捞出待用。

4 另起砂煲，砂煲内加水约2500毫升，将所有主料和姜片放入锅内，大火烧开，转小火炖2.5小时。

5 出锅前加盐，搅匀即可。

╱胡萝卜莴笋鸡丝汤

🕐 烹饪时间：40分钟
🔥 难易程度：简单

主料

胡萝卜100克　莴笋200克
鸡腿肉100克

辅料

盐半茶匙　料酒半汤匙　生姜1片

营养贴士

胡萝卜和莴笋含有丰富的膳食纤维，鸡肉富含蛋白质，这款汤在促进消化的同时又能增强体力。

做法

1 胡萝卜洗净，去皮，切成条。

2 莴笋去皮，去叶，洗净，切成条。

3 鸡腿肉洗净，切成丝，用料酒腌制15分钟。

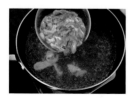

4 锅内加水约1000毫升，大火烧开，加入鸡丝和姜片，煮2分钟后转小火煮3分钟。

5 加入胡萝卜条和莴笋条，继续煮20分钟。

6 出锅前加入盐，搅匀即可。

烹饪秘籍

在做每款汤品时，将食材切成什么形状，取决于这几个方面：烹饪时间、食材易熟程度、成品的整体美观性。

烹饪讲究色香味俱佳，本款汤品便很好地诠释了这一点。胡萝卜的红、鸡丝的白、莴笋的绿，搭配在一起，赏心悦目，光看着就开心极了。

╱苦瓜莲藕老鸭汤

🕐 烹饪时间：140分钟
🔥 难易程度：中等

主料

苦瓜半根（约100克） 莲藕200克
老鸭半只（约400克）

辅料

盐半茶匙 生姜1片

营养贴士

苦瓜有"植物胰岛素"的美誉。苦瓜苷和苦味素能促进胃液分泌，增进食欲。苦瓜苷有很好的降血糖作用，糖尿病患者可常吃。

做法

1 苦瓜洗净，去皮、去瓤，切片，入开水锅中焯2分钟，捞出待用。

2 莲藕洗净、去皮，切片，浸泡在凉水中。

3 老鸭去脏杂，洗净，切成3厘米大小的块。

4 锅内加水约2000毫升，将所有主料和姜片放入锅中，大火烧开，转小火炖2小时。

5 出锅前5分钟加入盐，搅匀即可。

烹饪秘籍

如果觉得苦瓜太苦，可以先用盐腌1小时。

有时因为环境或者心情的因素，不免火气有些大。若论去火，苦瓜极佳，配合性质寒凉的莲藕和老鸭，去火效果更好。莲藕中和了苦瓜的苦，入口也不再那么犹豫。

／青梅海带牛尾汤

🕐 烹饪时间：140分钟
🔥 难易程度：简单

主料

干海带30克　牛尾200克
腌制青梅3颗

辅料

盐半茶匙　生姜2片　料酒半汤匙

营养贴士

海带中的胶质能很好地吸附肠道中的毒素。青梅有刺激胃液分泌、促进肠道蠕动的功效。海带和青梅结合，能清理肠道、开胃助消化。

做法

1 干海带洗净，提前6小时泡发，泡发好的海带切成2厘米大小的片。

2 牛尾斩成3厘米长的块，洗净，凉水下锅，水开后加入料酒，焯2分钟，捞出待用。

3 取3颗腌制好的青梅。

4 锅内加水约2000毫升，将所有主料和姜片加入锅中，大火烧开，转小火炖2小时。

5 出锅前加盐，搅匀即可。

烹饪秘籍

1 青梅是为了提味去腥的，也可以用山楂代替。
2 青梅的季节性很强，可以在青梅季用蜂蜜腌制一些，装在玻璃罐中，在做腥味重的肉类菜品时取用，效果好过山楂和陈皮。

海带和牛尾都属于自身味道比较重的食材，略有腥味。青梅的出现让本来凌厉的它们变得柔和下来，相互包容，互相吸收，你中有我，我中有你。

╱双色豆芽鱼片汤

🕐 烹饪时间：40分钟
🔥 难易程度：中等

主料

绿豆芽100克　黄豆芽100克
黑鱼片100克

辅料

盐半茶匙　料酒半汤匙　油半汤匙

营养贴士

豆芽中含有天门冬氨酸，能减少人体乳酸堆积，从而消除疲劳感。豆芽中的维生素C含量比较高，可以增强人体免疫力。

做法

1 择掉绿豆芽、黄豆芽尾部略干的部分，用清水把豆芽的皮淘掉，洗净。

2 黑鱼片洗净，加入料酒，拌匀腌制15分钟。

3 用中火将锅烧至七成热，倒油，3秒后加入豆芽，翻炒30秒。再加入适量清水，大火烧开，转小火煮10分钟。

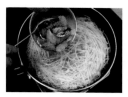

4 加入鱼片，继续煮15分钟。

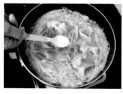

5 出锅前5分钟加入盐，拌匀即可。

烹饪秘籍

要把豆芽根部比较老的那一段择掉。把豆芽放水里，用手轻轻地搓，就能把豆芽的皮去除干净。

爽口的豆芽，滑嫩的鱼片，混搭在一起，赏心悦目。
吃一口，鲜嫩清爽，提神解腻，除了嘴巴得到满足，
心灵也获得了安慰。

夏日解暑降火／

／丝瓜毛豆干贝汤

🕐 烹饪时间：35分钟（不含浸泡时间）
🔥 难易程度：简单

主料

丝瓜1根（约200克）　毛豆50克
干贝15克

辅料

盐半茶匙

营养贴士

丝瓜是药食同源的蔬菜，富含维生素B_1、铁、瓜氨酸、木聚糖等营养物质，有很好的清热凉血的食疗效果。

做法

1　干贝洗净，放凉水碗内，提前半小时泡发。

2　丝瓜洗净、去皮，切成条。

3　毛豆搓洗干净。

4　锅内加水约800毫升，加入干贝和毛豆，大火烧开，转小火煮10分钟。

5　加入丝瓜条和盐继续煮10分钟即可。

烹饪秘籍

1　本款汤里的毛豆是指去豆荚后的毛豆，如果是买带荚毛豆自己剥，买150克。毛豆剥出来后上面会带一点豆荚上的皮，放入盆中用手搓洗，那些皮就会掉了。

2　丝瓜也可以切成小的滚刀块。

丝瓜解暑效果很好，配之干贝，让丝瓜不再单调。还有吃到毛豆时的欣喜，让暑热慢慢消散，烦恼也跟着无影无踪。

╱芦笋胡萝卜蛤蜊汤

🕐 烹饪时间：30分钟（不含吐沙时间）
🔥 难易程度：简单

主料

芦笋150克　胡萝卜100克
蛤蜊200克

辅料

盐1茶匙　生姜1片

做法

1 蛤蜊放水盆中，加半茶匙盐，让蛤蜊吐沙2小时，然后洗净待用。

2 芦笋洗净，切3厘米长的段。

3 胡萝卜洗净，去皮，切成条。

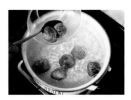

4 锅内加水约800毫升，大火烧开，加入蛤蜊和姜片，大火煮5分钟，转小火。

5 加入芦笋段和胡萝卜条，继续煮15分钟。

6 出锅前加入剩余盐，搅匀即可。

烹饪秘籍

1 加盐能促进蛤蜊更快地把沙吐干净。

2 要把芦笋根部的老皮去掉。

红红的胡萝卜，绿绿的芦笋，蛤蜊看到它不由得笑开了口。这是一款适合夏日喝的汤。酷暑难耐、口渴烦躁，赶紧喝一口汤，清爽随之而来。

萝卜原来并不辣 /

/萝卜竹笋虾干汤

🕐 烹饪时间：40分钟
🔥 难易程度：简单

主料

白萝卜200克　春笋100克
虾干30克

辅料

盐半茶匙

做法

1　白萝卜洗净，切成条。

2　春笋洗净，一切为四，再切为2厘米长的段，开水下锅，焯1分钟，捞出。

3　虾干洗净，放碗里，用凉水泡10分钟。

4　锅内加水约800毫升，加入虾干，大火烧开，转小火煮10分钟。

5　加入白萝卜条和笋段，继续煮20分钟。

6　出锅前加盐，搅匀即可。

烹饪秘籍

1可以自己买来活虾，用烤箱烤成虾干，会比买的虾干品质好很多。

2春笋也可以替换成冬笋，或者用50克笋干泡发代替，笋干要提前1晚泡发。

3泡发虾干的水不要倒，直接加入锅中熬汤用。

很多人不喜欢吃白萝卜是因为受不了它的涩和辣，但当萝卜吸收了虾干和竹笋的鲜，经过熬煮，辣味会消退，只剩饱满的汤汁。这款汤润肺通气，清爽提神。

╱鲜虾竹荪白菜汤

🕐 烹饪时间：30分钟（不含泡发时间）

🔥 难易程度：简单

主料

基围虾150克　竹荪20克
白菜150克

辅料

盐半茶匙　生姜1片

营养贴士

虾中镁的含量比较丰富，这是一种有益心脏健康的矿物质元素，能保护心血管健康。竹荪富含谷氨酸，味道十分鲜美。

做法

1 基围虾洗净，背部剪开，去虾线，把虾仁剥出来，待用。

2 竹荪洗净，提前1小时用凉水泡发，泡发好后切成2厘米长的段。

3 白菜洗净，切成小段。

4 锅内加水约800毫升，大火烧开，加入虾仁、竹荪、姜片，转小火煮10分钟。

5 加入白菜段，继续煮10分钟。

6 出锅前加盐，搅匀即可。

烹饪秘籍

一定要用活虾，如果觉得剥虾仁麻烦，可以把虾线、虾须去掉，直接用整虾煮汤。

竹荪是网，网住了虾仁和白菜的梦。这些鲜美的食材聚在一起，很难分清谁的鲜更胜一筹。且都吃到嘴里，再慢慢品味吧！

红配绿，最美丽 /
/菠菜虾仁汤

- 🕐 烹饪时间：25分钟
- 🔥 难易程度：简单

主料

活虾150克　菠菜200克

辅料

盐半茶匙　生姜1片

营养贴士

菠菜中的胡萝卜素和叶酸的含量很高，常吃菠菜可以补铁、抗氧化，提高人体免疫力。

好像国人对红配绿有一种深深的误解，细想一下，红花绿叶不是大自然的杰作吗？这道汤，用到了绿绿的菠菜和通红的虾，搭配起来其实很美啊。

做法

1 活虾清洗一下，从背部剪开，去虾线，剥出虾仁，洗净待用。

2 菠菜洗净，切2厘米长的段。

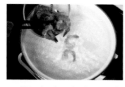

3 锅内加水约800毫升，大火烧开，加入虾仁、姜片，转中火煮10分钟。

4 加入盐、菠菜段，用勺子搅拌均匀，继续煮5分钟即可。

烹饪秘籍

1 市售虾仁普遍品质一般，建议自己买了活虾来剥。

2 菠菜也可以替换成其他自己喜欢的绿叶菜。

口感细嫩，清香诱人／
／黄心乌豆腐汤

🕐 烹饪时间：30分钟
🔥 难易程度：简单

主料

黄心乌200克　嫩豆腐200克

辅料

盐半茶匙　油1茶匙　葱花少许

营养贴士

豆腐富含植物蛋白质，人体易吸收。豆腐中的亚油酸含量高，而胆固醇含量低，有益人体神经、血管的生长发育。

不知何时起，黄心乌成了冬日餐桌上的明星。菜叶口感细嫩又略带绵软，用来入汤，有黄有绿，色泽诱人，搭配入口即化的嫩豆腐，绝佳。

做法

1　黄心乌洗净，切成小段。

2　嫩豆腐切成块，入开水锅中焯2分钟，捞出待用。

3　用中火将不粘锅烧至七成热，倒油，3秒后加入葱花，再3秒后加入黄心乌，翻炒30秒。

烹饪秘籍

1 黄心乌即外面叶子是绿色、里面叶子是黄色的一种类似白菜的蔬菜，口感比白菜好。

2 焯豆腐时动作要轻，不要把豆腐弄碎。

4　锅内加水约800毫升，加入豆腐，中火烧开，转小火炖20分钟。

5　出锅前加入盐，拌匀即可。

/圆白菜胡萝卜玉米炖嫩笋

🕐 烹饪时间：45分钟
🔥 难易程度：简单

主料

圆白菜150克　胡萝卜50克
鲜玉米150克　嫩笋尖50克

辅料

盐半茶匙

营养贴士

这道汤富含多种维生素和膳食纤维，可以有效清肠排毒，通利大便。

做法

1　圆白菜洗净，切成丝。

2　鲜玉米洗净，切成2厘米长的段，再一切为四。

3　胡萝卜洗净，去皮，切滚刀块。

4　嫩笋尖洗净，切成2厘米长的段。

5　将切好的鲜玉米、胡萝卜、嫩笋放入锅中，加水约800毫升。

6　大火烧开，转小火炖20分钟，加入圆白菜，继续炖5分钟。

7　出锅前加盐，搅匀即可。

烹饪秘籍

1 笋尖的季节性比较强，可以在超市买泡制好的袋装笋尖，如果笋尖本身有盐，汤里的盐可以省略。

2 买黄色的水果玉米，做汤的口感会很好。

跳出思维的圈圈，汤也并不是都需要炖很久的。一周下来，大鱼大肉吃多了，周末不妨来点素汤，清肠胃、清心火。

/黑白双丝荠菜豆腐汤

🕐 烹饪时间：40分钟
🔥 难易程度：简单

主料

干木耳20克　白萝卜100克
荠菜100克　豆腐100克

辅料

盐1茶匙　油1茶匙　葱花少许

营养贴士

喝素汤担心蛋白质摄入不足，可以搭配些豆制品，豆制品富含植物蛋白质，能够保证营养需求。

做法

1 干木耳洗净，提前6小时用冷水泡发，再切成细丝。

2 白萝卜洗净、去皮，切成和木耳一致粗细的丝。

3 荠菜洗净，去掉根部，切成2厘米长的段。

4 豆腐切成小块，入开水锅中，加半茶匙盐，焯1分钟，捞出待用。

5 用中火将不粘锅烧至七成热，倒入油，5秒后加入葱花炒香。

6 随后加入木耳丝、白萝卜丝翻炒，翻炒1分钟后加水约800毫升。

7 加水后大火烧开，转小火炖10分钟，加入豆腐块再炖10分钟，加入荠菜段和半茶匙盐。

8 加入荠菜段后用勺子翻一下汤料，待荠菜段颜色变稍深一点即可关火。

烹饪秘籍

1 最好用东北的小秋耳，好的木耳开袋时能闻到明显的菌类味道，差的木耳没味道或味道比较刺鼻。

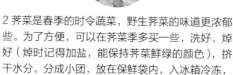

2 荠菜是春季的时令蔬菜，野生荠菜的味道更浓郁些。为了方便，可以在荠菜季多买一些，洗好、焯好（焯时记得加盐，能保持荠菜鲜绿的颜色），挤干水分，分成小团，放在保鲜袋内，入冰箱冷冻，吃时取出即可。

3 豆腐焯水是为了去除豆腥味，焯时加一点盐，有助于去除腥味。

做素汤时，总觉得缺点啥，不如放点豆腐进去，
看着豆腐在水中翻滚，心情也跟着雀跃起来了。

/综合菌菇白菜汤

🕐 烹饪时间：30分钟
🔥 难易程度：简单

主料

草菇30克　杏鲍菇30克　平菇30克
虫草菇30克　白菜50克

辅料

盐半茶匙　油1茶匙　葱花少许

营养贴士

菌菇中的蛋白质、维生素、微量元素及膳食纤维含量都十分丰富，常吃蘑菇能增强人体的抗病能力，尤其适合想减肥的人士食用。

做法

1 将各种菇洗净，草菇一切为四，杏鲍菇切薄片，平菇切条，虫草菇切成2段。

2 大白菜洗净，切段。

3 用中火将不粘锅烧至七成热，倒入油，3秒后加入葱花，再3秒后加入切好的所有主料，翻炒1分钟。

4 锅内加水约800毫升，大火烧开，转中火煮15分钟。

5 出锅前加入盐，搅匀即可。

烹饪秘籍

1 注意别选海鲜菇和蟹味菇，这两种菇本身味道太重，会影响整锅汤的口味。

2 食材不限定切丝还是切段，只要处理好后整体看起来比较协调即可。也可以选择手撕，会是操作中的另一番小乐趣。

本着食材要多样化的原则，菌菇类也要吃够量，利用煲汤这种烹饪方法，一次可以吃很多种类的菌菇，真是一场菇的聚会呀。

黑白配，最清爽 /
/ 木耳白菜清肠汤

⏱ 烹饪时间：40分钟
🔥 难易程度：简单

主料

干木耳20克　白菜200克

辅料

盐半茶匙　油1茶匙　葱花少许

营养贴士

白菜富含膳食纤维，木耳含有较多的胶质，有较强的吸附力，二者结合，可以清洁肠道、宽肠排毒。

想要肠清气爽，就选择木耳和白菜的搭配。一黑一白，可都是宽肠排毒的顶级高手，试一下，你就知道了。

做法

1 干木耳洗净，提前6小时用凉水泡发，将泡发好的木耳撕成小块。

2 白菜洗净，撕成段。

3 中火将不粘锅烧至七成热，倒油，3秒后加入葱花，再隔3秒加入木耳块和白菜段，翻炒1分钟。

4 锅内加水800毫升，大火烧开，转小火煮20分钟。

5 出锅前加盐，搅匀即可。

烹饪秘籍

木耳最好提前一晚泡发，用凉水泡，放冰箱冷藏即可；白菜选菜叶和菜帮子比例为1：1的，口感会比较好。

叶子们的盛会 /

/什锦叶菜汤

🕐 烹饪时间：30分钟
🔥 难易程度：简单

主料

菠菜100克　娃娃菜100克
小青菜50克　圆白菜50克
胡萝卜50克

辅料

盐半茶匙　生姜1片

营养贴士

多种叶类菜是维生素和膳食纤维的大荟萃，可满足人体多种营养需求，同时对肠道也相当有好处。

营养专家常常鼓励我们要多吃叶类菜，但如果不愿意吃蔬菜或者吃得不够量怎么办？想一次性吃够多种蔬菜，不妨试一下这款汤。

烹饪秘籍

1 注意加入各种蔬菜的顺序，难煮的要先放，易熟的后放。

2 加胡萝卜丁是为了让汤的成品颜色好看。

做法

1 将除了胡萝卜以外的蔬菜全部洗净，切成段。

2 胡萝卜清洗、去皮，切成小丁。

3 锅内加入约600毫升水，大火烧开，加胡萝卜、娃娃菜、圆白菜、姜片，转小火煮10分钟。

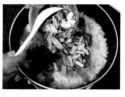

4 加入盐、菠菜、小青菜，用勺子翻搅匀，继续煮5分钟即可。

微甜的清肠杂粮汤／

／红薯杂豆汤

🕐 烹饪时间：110分钟
🔥 难易程度：简单

主料

红薯200克　土豆100克
白芸豆30克　红豆20克

辅料

枸杞子8粒

营养贴士

红薯中富含胡萝卜素和膳食纤维，而脂肪含量很少，补充营养的同时又能调理肠胃，非常适合减肥人群食用。

做法

1 白芸豆、红豆洗净，放凉水中浸泡，提前入冰箱冷藏6小时。

2 红薯、土豆洗净，去皮，切成小块。

3 锅内加水约1000毫升，加入白芸豆和红豆，大火烧开，转小火煮1小时。

4 加入红薯丁和土豆丁，煮30分钟。

5 出锅前10分钟加入枸杞子即可。

烹饪秘籍

1本款汤利用红薯本身的味道，调出微甜的口感。

2加枸杞子是为了配色，没有也可以不加。

3白芸豆和红豆提前用凉水浸泡是为了更易熟。

4推荐用电饭煲煮这款汤，比明火更好掌握。

微甜的红薯，绵软的豆子，加上让人产生饱足感的土豆，喝一口下去，愉悦了自己、愉悦了味蕾，肠胃也没有什么负担。

／冬笋紫菜汤

🕐 烹饪时间：45分钟
🔥 难易程度：简单

主料

冬笋200克　干紫菜30克

辅料

盐半茶匙　生姜1片

做法

1 冬笋去皮，洗净，切丝。

2 紫菜洗净待用。

3 笋丝入开水锅中，焯2分钟，捞出待用。

4 锅内加水约800毫升，大火烧开，加入笋丝、姜片，转小火煮20分钟。

5 加入紫菜，继续煮10分钟。

6 出锅前加盐，搅匀即可。

烹饪秘籍

建议买头水紫菜，品质比一般紫菜好，煮汤时也更耐煮。

冬笋是山珍，紫菜是海味，二者都是极鲜美的食材。取冬笋的鲜来中和紫菜的味道，两种鲜美融合在一起，相得益彰。

苹果是百搭的／

／苹果菜花笋干汤

⏱ 烹饪时间：65分钟
🔥 难易程度：简单

主料

苹果1个（约200克） 菜花100克
笋干50克

辅料

盐半茶匙　枸杞子8粒

营养贴士

苹果、菜花、笋干，都富含膳食纤维，膳食纤维可促进肠胃蠕动，预防便秘。

做法

1 苹果洗净，去皮，去核，切滚刀块。

2 菜花掰成小朵，放在淡盐水中，浸泡15分钟，捞出洗净，待用。

3 笋干洗净，提前一晚泡发，将泡发好的笋干切成小段。

4 锅中加水约1500毫升，加入笋干，大火烧开，转小火炖30分钟。

5 加入苹果块、菜花，继续炖20分钟。

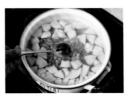

6 出锅前10分钟加入枸杞子即可。

烹饪秘籍

1 辅料中的盐是在洗菜花时用的。因为笋干中本身含有盐分，所以汤里不需要另外加盐。
2 可以加100克青萝卜到汤里，汤的颜色会让人更有食欲。

所谓食材，不要把它们固定在某种功用上，就如苹果，抛去它水果的外衣，和各种蔬菜一起入汤，会带来淡淡的果香、微微的甜美，真是一种美妙的体验。

另辟蹊径的冬瓜／

／核桃花生冬瓜汤

🕐 烹饪时间：70分钟
🔥 难易程度：简单

主料

冬瓜300克　核桃仁30克
花生仁30克

辅料

盐半茶匙

营养贴士
核桃有"长寿果"之称，富含不饱和脂肪酸、铜、镁、钾等营养物质，十分有益大脑健康。花生含有的卵磷脂和人体所需的8种氨基酸，能为脑细胞提供营养，起到增强记忆力的作用。

想喝冬瓜汤，可以试试在冬瓜汤里加入核桃、花生，既有冬瓜的清爽，又有核桃、花生的香浓，整道汤也变得更加温润滋补。

做法

1 冬瓜去皮、洗净，切滚刀块。

2 核桃仁、花生仁洗净待用。

3 锅内加水约1000毫升，加入核桃仁、花生仁，大火烧开，转小火炖20分钟。

┌─ 烹饪秘籍 ─┐

花生仁最好保留花生衣，营养价值会更高。

4 加入冬瓜块，继续炖30分钟。

5 出锅前加盐调味即可。

03

温和滋补
滋润身心

／雪菜黄鱼汤

🕐 烹饪时间：120分钟
🔥 难易程度：中等

主料

腌雪菜100克　黄鱼1条（约400克）

辅料

生姜2片　油1茶匙

营养贴士

黄鱼蛋白质含量高，还含有丰富的微量元素硒，能清除人体代谢产生的自由基，延缓衰老，保持细胞的活力。

做法

1 腌雪菜用清水洗2遍，切成3厘米长的段。

2 黄鱼去鱼鳞、鳃和内脏，用厨房纸巾擦干鱼身水分。

3 大火将平底不粘锅烧至七成热，倒油，3秒后慢慢滑入黄鱼，静止5秒后轻轻推动鱼身，让鱼动一下。

4 煎1分钟后翻面，用同样的方法煎另外一面，将煎好的鱼铲出待用。

5 汤锅加水约2000毫升，加入雪菜和姜片，大火烧开，转小火煮10分钟。

6 放入煎好的黄鱼，炖1.5小时即可。

烹饪秘籍

1 煎鱼时锅和油一定要热，让鱼皮遇到高温迅速紧缩，静止5秒后再翻动，鱼皮会更完整。

2 因为腌雪菜里有盐，所以无须另外加盐。

雪菜黄鱼面是江南地区有名的美食。殊不知，雪菜黄鱼汤能让你更好地了解江南。雪菜带走了黄鱼的腥味，黄鱼消解了雪菜的青涩，它们互相成就，相得益彰。你一尝便知。

鲈鱼不简单 /

/西洋参鲈鱼汤

🕐 烹饪时间：115分钟
🔥 难易程度：中等

主料

西洋参片10克　鲈鱼1条（约500克）

辅料

盐半茶匙　生姜4片　油1茶匙

<table>
<tr><td>营养贴士</td></tr>
<tr><td>鲈鱼中的铜元素含量较高，铜对维持神经系统的正常运行有益。鲈鱼还富含EPA和DHA，对维持血脂正常有积极的作用。</td></tr>
</table>

做法

1 西洋参洗净。

2 鲈鱼去鳞，去脏杂，用厨房纸巾吸干鱼身水分。

3 大火将平底不粘锅烧至七成热，倒油，3秒后放入鲈鱼，静止5秒后轻轻推动鱼身。

4 1分钟后翻面，用同样的方法煎另一面，将煎好的鱼铲出待用。

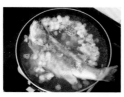

5 锅内加水约2000毫升，放入西洋参、姜片，大火烧开，放入煎好的鱼，煮5分钟后转小火，炖1.5小时。

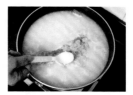

6 出锅前加盐，搅匀即可。

烹饪秘籍

1 让店家帮忙将鱼杀好，这样到家只需把鱼腹腔清洗干净即可。清洗时记得去除背脊血线和腹腔内的黑膜，这是腥味的主要来源。

2 西洋参比较温和，家里可以常备一些，在炖汤时加几片进去，更为滋补。

奶白的鲈鱼汤，辅之名字很洋气的西洋参，好像鲈鱼汤也摇身一变，有了几分洋气。

汤鲜色美 /

/三色银鱼汤

⏱ 烹饪时间：40分钟
🔥 难易程度：中等

主料

莴笋150克　胡萝卜200克
白萝卜200克　银鱼100克

辅料

盐半茶匙　生姜1片　油1茶匙

营养贴士
银鱼含钙量高，高蛋白、低脂肪，可提升人体免疫功能，有很高的食用价值。

做法

1 莴笋洗净、去皮，切小条。

2 胡萝卜洗净、去皮，切小条。

3 白萝卜洗净、去皮，切小条。

4 银鱼洗净。

5 中火将不粘锅烧至七成热，倒油，5秒后加入莴笋、胡萝卜、白萝卜，翻炒1分钟。

6 锅内加入约1000毫升水，加入姜片，水开后加入银鱼，继续烧20分钟。

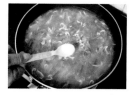

7 出锅前加盐，搅匀即可。

烹饪秘籍

冬天时市场上有一种青萝卜，以天津和山东的比较出名，这种萝卜的辣味很少，炖汤极佳。

红、白、绿，三种颜色搭配和谐，不晓得穿游其中的银鱼更钟爱哪一个？这道汤既有营养又有颜值，味道更是棒棒哒！

春天来了／
／荠菜鱼片汤

🕐 烹饪时间：35分钟
🔥 难易程度：简单

主料

荠菜150克　鱼片200克

辅料

盐半茶匙　生姜1片　料酒半汤匙

做法

1 荠菜洗净，去杂叶和老根，切成小段。

2 鱼片洗净，放入盆中，加入料酒和盐腌制15分钟。

3 锅内加水约800毫升，大火烧开，加入腌好的鱼片、姜片，煮3分钟后转小火，继续煮15分钟。

4 加入荠菜段，轻轻翻动食材，煮3分钟后关火即可。

烹饪秘籍

1 盐在腌制时已经进入到鱼块中，所以没有另外加盐，盛出到碗里后，可以根据自己的口味适量再加一点盐。

2 煮至荠菜颜色变深一点就可以了，切忌不要煮太久，否则影响成汤的品相。

荠菜出现在餐桌时就意味着春天来了。荠菜特有的香味，总能让人把它和充满生机的春天联系在一起。荠菜和鱼片入汤，菜香和鱼香相融，把春天装在心里。

蛋白质的狂欢／

／豆腐鱼头汤

⏱ 烹饪时间：70分钟
🔥 难易程度：简单

主料

嫩豆腐1盒　花鲢鱼头1个（约400克）

辅料

盐半茶匙　生姜3片　料酒半汤匙
香菜1棵

营养贴士

鲢鱼头富含蛋白质、卵磷脂和不饱和脂肪酸；豆腐中的蛋白质易被人体吸收。这款汤能很好地为人体提供蛋白质和必需的营养素，补充体力，维持机体活力。

做法

1 嫩豆腐洗净，切成2厘米见方的块。

2 香菜洗净，切成3厘米长的段。

3 鱼头去鳃、去内脏，洗净，斩成4厘米大小的块，放入盆中，倒入料酒腌制15分钟。

4 锅内加水约1200毫升，大火烧开，放入腌制好的鱼块、姜片、豆腐，转小火炖45分钟。

5 出锅前5分钟加入香菜段、盐，搅匀即可。

烹饪秘籍

1 鱼头可以不切块，直接炖亦可。

2 根据个人口味决定是否加香菜，一般鱼类汤里加点香菜会别有一番风味。

十分忙碌的日子，身体消耗大，会
特别想吃肉，其实这是身体释放的
信号：该补充蛋白质了。本汤品包
含了优质的植物蛋白和动物蛋白，
特别适合在忙碌的日子来上一碗。

／火腿干丝黑鱼汤

🕐 烹饪时间：145分钟
🔥 难易程度：复杂

主料

火腿20克　干丝100克
黑鱼1条（约400克）

辅料

生姜2片　油1汤匙

营养贴士

黑鱼富含蛋白质、不饱和脂肪酸、钙、磷等营养元素，对身体虚弱、营养不良的人群有改善体质的作用。

做法

1 火腿洗净，切薄片。

2 干丝洗净，开水下锅焯1分钟，捞出待用。

3 黑鱼去鳞、去鳃、去脏杂，洗净，用厨房纸巾擦干鱼身的水分。

4 大火将锅烧至七成热，倒油，3秒后放入黑鱼，5秒后轻轻推动黑鱼。

5 煎2分钟，翻面，用同样的方法煎另一面，将煎好的鱼铲出待用。

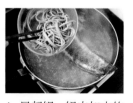

6 另起锅，锅内加水约2000毫升，大火烧开，将所有主料与姜片一起放入锅中，煮5分钟，转小火，炖2小时即可。

烹饪秘籍

1 黑鱼的皮比较厚，本款汤品又用的是整条鱼，所以每面要煎够2分钟。鱼煎一下再煮汤，汤色才会浓白。如果觉得油煎难度太大，可以省去煎的一步，多炖15~20分钟。

2 因为火腿里已经有了盐分，所以无须再加盐。

豆腐是包容性很强的食材，不管和什么食材搭配，都能让人惊艳。这款汤中，干丝吸饱了火腿和黑鱼的鲜，又带给人丰盈柔嫩的口感，不禁让人眼前一亮。

互相成就的美味 /

/ 虫草菇鲜虾汤

🕐 烹饪时间：45分钟
🔥 难易程度：简单

主料

鲜虫草菇150克　鲜虾150克

辅料

盐半茶匙　生姜2片

做法

1 鲜虫草菇洗净，去根部。

2 鲜虾去须、虾线，洗净待用。

3 锅内加水约800毫升，放入虫草菇，大火烧开。

4 加入虾和生姜片，转小火，炖30分钟。

5 出锅前加盐，搅匀即可。

烹饪秘籍

1 没有鲜虫草菇可以用30克干虫草菇泡发代替，泡完食材的汤无须倒掉，直接加入锅中熬制就好。

2 无须剥出虾仁，直接整虾下锅即可，喝汤时先吃虾，再喝汤。

虫草菇和虾，一个是汤界新秀，一个汤界的老将。用虾来提鲜，激发了虫草菇清淡的味道，让它完全展示魅力，成就了这碗汤。

默默奉献的干贝 ／

／菜干杂菇干贝汤

🕐 烹饪时间：110分钟
🔥 难易程度：中等

主料

菜干50克　金针菇30克
杏鲍菇30克　平菇30克　干贝10克

辅料

生姜1片

做法

1 金针菇洗净，去根部，切成2段。

2 杏鲍菇、平菇洗净，用手撕成细条。

3 菜干洗净，切成小段。

4 干贝洗净，提前30分钟用凉水泡发。

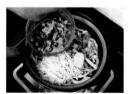

5 锅内加水约1500毫升，将所有主料与姜片一起加入锅中，大火烧开，转小火炖1.5小时即可。

烹饪秘籍

1 可以选三五种味道不是特别浓的杂菇，不必局限于菜谱列举的菇。

2 菜干本身含有盐分，所以无须另外加盐。

配角太多，干贝有点迷失，于是它就默默地
把自己的能量都发挥出来，让大家的味道能
更好地呈现。不起眼的干贝，却起了大大的
作用呢。

／苹果无花果炖海参

🕐 烹饪时间：110分钟
🔥 难易程度：复杂

主料

苹果1个（约200克）　无花果3个
海参2只

辅料

盐半茶匙

营养贴士

海参富含蛋白质、多种矿物质，其含有的酸性黏多糖和软骨素对关节健康是十分有益的。

做法

1　苹果洗净，去皮，切滚刀块；无花果洗净。

2　海参提前2天用凉水泡发，泡好的海参割开肚子，掏出内脏和筋膜，洗净。

3　电压力锅内放水约1500毫升，放入海参，中火煮30分钟。

4　待电压力锅冷却后，把海参和锅内煮海参的水一起倒入砂煲中。

5　加入苹果和无花果，大火烧开，转小火炖1小时。

6　盛到碗里时加盐，搅匀即可。

烹饪秘籍

　　这种方法泡出的海参还不是特别软，如果喜欢软的，可以把海参从高压锅拿出后，直接放入冰水中泡2天，泡发至海参本来的五六倍，这时的口感很软。

食物的珍贵，其实不在食材本身，而是在烹制过程中所花费的心力。海参向来不是很好处理的食材，所以海参炖汤，其宝贵之处更在于用心。

/黑豆花生乌鸡汤

🕐 烹饪时间：200分钟
🔥 难易程度：简单

主料

黑豆30克　黑花生40克
乌鸡1只（约800克）

辅料

盐1茶匙　生姜2片

营养贴士

黑豆蛋白质含量高，还含有多种维生素、黑色素及卵磷脂等物质，B族维生素和维生素E的含量也很高，可维持机体功能、延缓细胞衰老、满足大脑营养。黑花生也被称为富硒花生，具有防癌、抗衰老的功效。

做法

  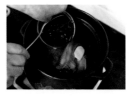 

1 黑豆、黑花生洗净，待用。

2 乌鸡去头、去尾部、去脏杂，洗净待用。

3 锅内加水约3000毫升，将所有主料和姜片一起放入锅中，大火烧开，转小火炖3小时。

4 出锅前加盐，搅匀即可。

烹饪秘籍

1 本款汤品采用整鸡，炖的时间比较久，所以黑豆无须提前浸泡。

2 黑花生并非转基因品种，其营养价值比红花生高，可以放心吃。如果没有黑花生，就用红皮花生代替。

不起眼的食物也能煲出美味。比如黑豆和黑花生，看着黑乎乎的不讨喜，当熬出这款汤时，尝一口，你会发现这真是被颜值耽误了的美味，花生和黑豆的香味让人沉醉。

土鸡的温柔 /

/ 山药栗子土鸡汤

🕐 烹饪时间：200分钟
🔥 难易程度：简单

主料

山药200克　栗子仁50克
土鸡1只（约800克）

辅料

盐1茶匙　生姜2片

营养贴士

山药含有黏蛋白、皂苷等物质，对
促进消化、强健机体有积极作用。

做法

1　山药洗净、去皮，切2厘米长的段。

2　栗子仁洗净。

3　土鸡洗净，去头部、尾部、去脏杂。

4　锅内加水约3000毫升，将所有主料和姜片一起放入锅中，大火烧开，转小火炖3小时。

5　出锅前加盐，搅匀即可。

烹饪秘籍

栗子去皮的过程比较麻烦，建议直接买剥好的栗子仁。

一碗朴实的土鸡汤，是最好的滋补品，绵软的
山药、香糯的栗子，和鸡肉的味道融合得恰到
好处。这款温情脉脉的汤，能给你最大的能量。

挡不住的浓鲜／

／西洋菜干贝鸡汤

🕐 烹饪时间：140分钟
🔥 难易程度：简单

主料

西洋菜150克　干贝5粒
母鸡半只（约400克）

辅料

盐半茶匙　生姜1片

营养贴士

西洋菜的另一个名字是"豆瓣菜"，它是很润肺的一种蔬菜，还有解热、利尿的食疗功效。

做法

1　西洋菜洗净，去掉根部，切成4厘米长的段。

2　干贝洗净，放碗里用凉水泡着。

3　母鸡洗净，去脏杂，切成4厘米大小的块；鸡块凉水下锅，水开后焯2分钟，捞出待用。

4　另起锅，锅中加水约2000毫升，加入鸡块、干贝、姜片，大火烧开，转小火炖1小时。

5　加入西洋菜，继续炖1小时。

6　出锅前加盐，搅匀即可。

烹饪秘籍

1 西洋菜是一种很适合炖汤的蔬菜，切段或者直接整棵放都可以。

2 炖汤的鸡一般选母鸡，家养的老母鸡最好，炖出来的汤头比较浓郁。不要选很肥的鸡，不然太油腻。

初识西洋菜，会觉得它不起眼，其实它可是煲汤的极佳叶类菜，配合干贝提鲜，激发出鸡的热情，鸡汤，原来可以这么鲜。

/山药枸杞老鸭汤

⏱ 烹饪时间：145分钟
🔥 难易程度：简单

主料

山药300克　枸杞子20粒
老鸭半只（约400克）

辅料

盐半茶匙　生姜2片　料酒半汤匙

营养贴士

山药中含有极为丰富的黏蛋白、淀粉酶等物质，有强健机体、增强免疫力的功效。

做法

1 山药去皮，洗净，切成3厘米长的段。

2 枸杞子洗净。

3 老鸭洗净，去脏杂，切成3厘米大小的块，凉水下锅，水开后倒入料酒，焯2分钟，捞出待用。

4 另起锅，锅内加水2500毫升，放入老鸭块、姜片，大火烧开，转小火炖1.5小时。

5 加入山药段、枸杞子，继续小火炖40分钟。

6 出锅前加盐，搅匀即可。

烹饪秘籍

1 选择3年以上的鸭子，汤头会很浓郁。

2 山药有炒菜的山药和炖汤的山药之分，最好选择炖汤用的山药。

3 很多人对山药的汁液过敏，在削皮时可以戴着手套削。

在食材搭配上，要做到一加一大于二。有时为了不让某一种食材过分张扬，需要用另一种食材加以克制或弥补。这款汤，就是用山药和枸杞子来中和性凉的老鸭，让整道汤变得温和起来。

/ 桂圆老鸭汤

🕐 烹饪时间：190分钟
🔥 难易程度：简单

主料

干桂圆8粒　老鸭1只（约800克）

辅料

盐半茶匙　枸杞子10粒

营养贴士

老鸭富含B族维生素和维生素E，还含有丰富的钾元素，同时也是高蛋白低脂肪的肉类，适合减脂健身的人群食用。

有时候想静下来好好地喝一碗汤，不用复杂，一两种食材即可。一碗桂圆老鸭汤适时地出现，抚慰了我们焦躁的心灵。

做法

1 干桂圆去皮、去核，把剥好的桂圆肉洗净。

2 老鸭洗净，去头、去尾部、去脏杂。

3 锅内加水约3000毫升，加入老鸭、桂圆肉、枸杞子，大火烧开，转小火炖3小时。

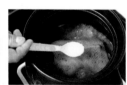

4 出锅前加盐，搅匀即可。

烹饪秘籍

建议买带壳的桂圆自己剥，更加安全卫生。广东高州的桂圆品质很好。

以感恩的心来品尝/

/二莲炖老鸭

🕐 烹饪时间：170分钟
🔥 难易程度：简单

主料

莲子10粒　莲藕300克
老鸭半只（约400克）

辅料

盐半茶匙　生姜3片　枸杞子10粒

营养贴士

莲子中的钙、钾含量很丰富，此外还含有荷叶碱等物质，有调节肌肉的伸缩性和心律等作用，对心脏健康有积极的作用。

03
/温和滋补
滋润身心

对待食物，要常怀有一颗感恩的心。正是大自然的馈赠和前人的智慧，让我们能有幸品尝到如此美味。这道汤，便是如此浑然天成的佳肴。

烹饪秘籍

1 本款汤如果是夏天做，建议保留莲子心，消暑效果会更好。

2 在做汤时，如果是整鸡或整鸭，无需用开水焯，如果是切块的，都要先焯一下，因为腥味一般来自于血沫、肉末等破碎的组织。

做法

1 莲子洗净，去心，放碗里用凉水浸泡。

2 莲藕洗净，去皮，切成2厘米长的段。

3 老鸭洗净，去脏杂，无须切块。

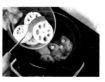 

4 锅内加水约2500毫升，将所有主料和姜片放入锅中，大火烧开，转小火炖2.5小时。

5 出锅前10分钟加入枸杞子和盐，搅匀即可。

/陈皮白果炖老鸭

🕐 烹饪时间：140分钟
🔥 难易程度：简单

主料

陈皮5克　白果5粒
老鸭半只（约400克）

辅料

盐半茶匙　生姜2片

营养贴士

陈皮中含有类柠檬苦素，还含有挥发油和橙皮苷、B族维生素、维生素C等，可以促进肠胃蠕动，开胃助消化。

做法

1 陈皮洗净，用清水泡着。

2 白果洗净待用。

3 老鸭去脏杂，切成3厘米大小的块，凉水下锅，水开后焯2分钟，捞出待用。

4 锅内加水约2000毫升，将所有主料与姜片一起放入锅中，大火烧开，转小火炖2小时。

5 出锅前加盐，搅匀即可。

烹饪秘籍

1 本书里用到的陈皮均指广东新会陈皮，泡陈皮的水别倒掉，一起加入锅中。

2 白果不用放太多，五六粒即可。

老鸭汤味道本不浓重，加入陈皮后，那悠远的橘香调动起你的食欲，舀一勺入口，那一刻的欣喜，让你从此难忘。

/党参冬菇鸽子汤

🕐 烹饪时间：140分钟
🔥 难易程度：简单

主料

党参10克　鲜冬菇100克
鸽子1只（约200克）

辅料

盐半茶匙　生姜1片

营养贴士

冬菇富含蛋白质和多种人体必需的微量元素，对预防感冒、增强抵抗力、降低胆固醇有一定的作用。

做法

1 党参洗净，切成3厘米长的段。

2 鲜冬菇洗净，从中间一切为二。

3 鸽子洗净，去脏杂、尾部。

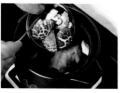

4 锅内加水约2000毫升，将所有主料与姜片一起放入锅中，大火烧开，转小火炖2小时。

5 盛到碗里时加盐，搅匀即可。

烹饪秘籍

党参和西洋参一样，都属于比较温和的滋补药材，家里常备一些，搭配禽类炖汤非常好。

鸽子不如鸡鸭出现在餐桌上的频率高，因此对这种少用的食材会抱有特别珍惜的心情，用鸽子做汤时也是各种讲究。而这款汤，却化繁为简，做法毫不复杂，更加接地气。

/莲藕红枣龙骨汤

🕐 烹饪时间：170分钟
🔥 难易程度：简单

主料

莲藕300克　红枣4粒　龙骨250克

辅料

盐半茶匙　生姜1片

营养贴士

红枣被称为"百果之王"，维生素C的含量远高于一般水果，维生素P的含量也很高，这两种维生素对皮肤、血压、血脂都有积极的改善作用。

做法

1 莲藕洗净、去皮，切成2厘米长的段，然后竖着从中间一切为四。

2 红枣洗净。

3 龙骨凉水下锅，水开后焯2分钟，捞出，洗净表面血沫。

4 另起锅，将所有主料与姜片一起下锅，加水2500毫升。

5 大火烧开，转小火炖2.5小时。

6 出锅前加盐，搅匀即可。

烹饪秘籍

1 龙骨可以用猪筒骨、排骨代替。

2 还可以加入一些耐煮的水果，如梨、苹果，会和莲藕一起增加汤的鲜甜。

甜香的红枣，清甜的莲藕，搭配肉香满溢的龙骨，于是，便有了这款微甜的骨头汤。先品一颗红枣，再嚼一块莲藕，轻啜一口汤细细品尝，耐心一点，你就能读懂它们。

╱玉米胡萝卜枸杞排骨汤

🕐 烹饪时间：170分钟
🔥 难易程度：简单

主料

玉米1根（约300克） 胡萝卜200克
枸杞子15粒 排骨200克

辅料

盐半茶匙 生姜2片

> **营养贴士**
>
> 枸杞子含有枸杞多糖，枸杞多糖由6种单糖组成，可以溶于水，具有生理活性，可以有效增强人体的免疫能力，提高抗病能力。

做法

1 玉米洗净，斩成2厘米长的段，再从中间一切为二。

2 胡萝卜洗净、去皮，切滚刀块。

3 枸杞子洗净。

4 排骨洗净，凉水入锅，水开后焯2分钟，捞出待用。

5 另起锅，锅内加水约2500毫升，将所有主料与姜片一起放入锅中，大火烧开，转小火炖2.5小时。

6 出锅前加盐，搅匀即可。

烹饪秘籍

1 在炖汤时，如果枸杞子是起装饰作用的，一般出锅前10分钟左右加入即可，但如果想让它发挥更多的营养价值，则需要提早加入。

2 排骨也可以换成猪脊骨、筒骨。

近几年枸杞子总是和养生连在一起，也经常作为炖汤的食材出现。枸杞子、玉米、胡萝卜，都带有淡淡的甜，和排骨的肉香结合，入喉滋润、入胃温暖，是一款温润的养生汤品。

／花生芸豆鸡脚猪肚汤

🕐 烹饪时间：170分钟
🔥 难易程度：复杂

主料

花生20克　芸豆30克　鸡脚50克
猪肚150克

辅料

盐1茶匙　生姜2片　面粉20克

营养贴士

鸡脚又称"凤爪"，含有丰富的胶原蛋白及钙质，能软化和保护血管。

做法

1 花生、芸豆洗净，提前一晚浸泡。

2 鸡脚洗净，去趾甲，一切为二。

3 猪肚表面撒上面粉、半茶匙盐，使劲揉搓，里外冲洗干净，待用。

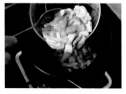

4 锅内加水约2500毫升，将所有主料和生姜放入锅中，大火烧开，转小火炖2.5小时。

5 出锅前加盐，搅匀即可。

烹饪秘籍

1 芸豆比较难熟，为了使芸豆软烂，最好提前一晚浸泡。

2 鸡脚的趾甲一定要去掉，一是干净，二是能减轻鸡脚的土腥味。

本来鸡脚和猪肚是风马牛不相及的，但二者凑到一起，鸡脚掩盖了猪肚的膻味，使得整道汤更加鲜美醇厚，原来，它们也是很搭配的一对呀。

无言的爱／

／芪杞猪肝汤

⏱ 烹饪时间：50分钟
🔥 难易程度：复杂

主料

猪肝50克　黄芪10克　枸杞子20粒

辅料

盐1茶匙　生姜2片　料酒1汤匙
白醋1茶匙

做法

1 黄芪、枸杞子洗净待用。

2 猪肝切片，用清水冲洗2遍。

3 猪肝片放入清水中，加入白醋，泡30分钟。

4 泡好的猪肝片加入半茶匙盐、料酒进行腌制15分钟。

5 锅内加水约1000毫升，加入黄芪、枸杞子，大火烧开，转小火炖30分钟。

6 小火转大火，加入猪肝片、姜片，用勺子从上至下轻轻翻动，至猪肝变色，继续烧2分钟。

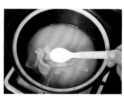

7 关火，加盐半茶匙，搅匀即可。

烹饪秘籍

猪肝、猪肺、猪肚的清洗都是比较费力的，猪肝可以多冲洗几遍直至没有血水。

煮一碗靓汤，是对爱无言的表达。在煮汤的过程中，专注的心必不可少，认真准备、用心调味，在汤出锅的那刻，不用多说什么，爱已经表露无遗。

／菜心虾干炖猪肺

🕐 烹饪时间：150分钟
🔥 难易程度：中等

主料

菜心100克　虾干30克　猪肺200克

辅料

盐半茶匙　生姜2片

营养贴士

猪肺富含蛋白质、钙、铁以及B族维生素等营养物质，可补充营养，润肺除燥。

做法

1 菜心洗净，切3厘米长的段。

2 虾干洗净，用凉水浸泡。

3 猪肺洗净，切块，用清水冲洗，并用手挤去肺里的泡沫，再用水浸泡30分钟。

4 锅内加水约2000毫升，放入虾干和姜片，大火烧开，加入猪肺，转小火炖2小时。

5 出锅前10分钟加入菜心，撒入盐调味即可。

烹饪秘籍

1 猪肺在清洗时会比较费时间，尤其要注意用手挤干净肺里的泡沫，时间允许也可以多浸泡一会儿，浸泡时可以加些盐。

2 可以用白菜等味道比较清淡的叶类菜代替菜心，如果是白菜，需要提前半小时放入锅中。

用虾干来为猪肺提鲜，用菜心带来清爽。花些心思搭配好食材，熬出一锅颜色好看、营养美味的汤煲，这就是对一家人最好的关爱。

果香与肉香，碰撞出火花 ／

／杂果瘦肉汤

🕐 烹饪时间：110分钟
🔥 难易程度：简单

主料

雪梨1个（约200克）
苹果1个（约200克）
红柚100克　猪瘦肉150克

辅料

盐半茶匙　生姜1片

做法

1 雪梨、苹果洗净，去皮，切滚刀块。

2 红柚剥掉皮，剥出柚子肉，把柚子肉一瓣分成两块。

3 瘦肉洗净，切片。

4 锅内加水约1500毫升，将所有主料和姜片一起放入锅中，大火烧开，转小火炖1.5小时。

5 出锅前加盐，搅匀即可。

烹饪秘籍

1 可以取一小块柚子皮，用刀刮净白瓤，切丝放入汤中，汤的柚子味会更浓郁。

2 在传统观念里，基本是蔬菜类食材与肉搭配炖汤，其实水果和肉类炖的汤也别有一番风味。

水果和肉类，看似完全不搭的两类食材，当它
们跳出固有的安全圈相遇，却能迸发出不一样
的火花，果香和肉香结合，滋味美妙。

/雪梨枇杷胡萝卜肉片汤

🕐 烹饪时间：110分钟
🔥 难易程度：简单

主料

雪梨1个（约200克） 枇杷6个
胡萝卜100克 猪瘦肉100克

辅料

盐半茶匙 生姜1片

营养贴士

枇杷富含膳食纤维、胡萝卜素、柠檬酸及钾、磷、钙等矿物质，还含有大量的B族维生素和维生素C，对保护视力、助消化、延缓细胞衰老等都有积极作用。

做法

1 雪梨洗净，去皮、去核，切滚刀块。

2 枇杷洗净，去蒂。

3 胡萝卜洗净，去皮，切滚刀块。

4 瘦肉洗净，切片。

5 锅内加水约1500毫升，将所有主料与姜片一起放入锅中，大火烧开，转小火炖1.5小时。

6 出锅前加盐，搅匀即可。

烹饪秘籍

1 一般炖汤的梨最好选用雪梨、鸭梨，有些新品种的梨虽然当水果很好吃，但并不适合炖汤。

2 枇杷是时令水果，一般从12月开始，四川枇杷成熟，到次年5月前后，福建、江浙的枇杷成熟，有小半年的产期，可以选择不同产地的枇杷。

在雾霾笼罩的都市中生活，总想喝点清肺润燥的汤。这款汤品，把枇杷、雪梨和肉片组合在一起，既不失美味，又达到了养生的功效，可谓"鱼和熊掌"也能兼得。

冬日里的驱寒汤 ╱

╱冬笋萝卜羊肉汤

🕐 烹饪时间：140分钟（不含浸泡时间）
🔥 难易程度：简单

主料

冬笋200克　白萝卜100克
羊肉150克

辅料

盐半茶匙　生姜2片　花椒10粒

营养贴士

羊肉富含蛋白质、B族维生素及钙、铁、磷等矿物质，可以保护胃壁、帮助消化。冬天吃羊肉可以增强血液循环，抵御寒冷。

做法

1　冬笋去皮，洗净，切滚刀块。

2　白萝卜洗净，去皮，切滚刀块。

3　羊肉切块，提前2小时放在花椒水里浸泡，泡好捞出待用。

4　锅内加水约2000毫升，将所有主料和姜片放入锅中，大火烧开，转小火炖2小时。

5　出锅前加盐，搅匀即可。

烹饪秘籍

1　羊肉要选羊腿的瘦肉部分。

2　没有冬笋也可以用50克笋干代替。

温补的羊肉能驱逐冬日的严寒，富含维生素的萝卜又能滋润你的肠胃。有这样一碗汤，再冷的日子，也能让你暖和起来。

融化在番茄里／

／牛肉番茄浓汤

- 🕐 烹饪时间：140分钟
- 🔥 难易程度：中等

主料

番茄2个（约500克） 牛肉150克

辅料

盐半茶匙　生姜2片　油1茶匙

营养贴士

牛肉富含多种氨基酸，铁含量也很高，能为机体提供营养，在补充失血和修复组织方面能起到很好的作用。

番茄熬出的浓汤，带有让人喜悦的酸甜，让人从味蕾到心灵都得到了极大的满足。喝一碗，浑身又充满了能量。

做法

1 番茄洗净，入开水锅煮1分钟，捞出去皮，切滚刀块。

2 牛肉洗净，切片。

3 中火将锅烧至七成热，倒油，3秒后倒入番茄块，翻炒3分钟，至番茄渗出汤汁，关火。

4 另起锅，加水约2000毫升，放入炒好的番茄块、牛肉块、姜片，大火烧开。

5 转小火炖2小时，出锅前加盐，搅匀即可。

烹饪秘籍

1 如果是冬天的番茄，比较难出汁，番茄用量可加到800克。

2 牛肉选取牛腿肉的瘦肉。

04

护肤美颜

自然细腻

丰收的猪脚 /

/黄豆花生猪脚汤

🕐 烹饪时间：170分钟（不含浸泡时间）
🔥 难易程度：简单

主料

黄豆50克　红皮花生仁30克
猪脚200克

辅料

盐半茶匙　生姜1片

做法

1 黄豆、花生仁洗净，
放入碗中，用凉水浸泡，
提前一晚置于冰箱冷藏。

2 猪脚洗净，用镊子拔
去遗留的小绒毛，斩成
3厘米大小的块。

3 锅中加水烧开，放入
切好的猪脚，焯2分钟，
捞出待用。

4 另起锅，锅中加水约
2000毫升，将所有主料
与姜片一起放入锅中，
大火烧开，转小火炖2.5
小时。

5 出锅前加盐，搅匀
即可。

烹饪秘籍

1 如果猪脚上面的毛没有去除干
净，需要用小镊子拔除，或者
用剃须刀刮干净也可以。

2 黄豆和花生仁要提前浸泡，更
容易煮烂入味。

秋季是丰收的季节，黄豆、花生都熟了，承载这份丰收喜悦的，正是名不见经传的猪脚。咬一口猪脚，满是胶质；嚼一下豆子，软中带硬。正是各有特色、缺一不可。

／核桃黑豆瘦肉汤

🕐 烹饪时间：140分钟（不含浸泡时间）
🔥 难易程度：简单

主料

核桃仁50克　黑豆50克
猪瘦肉150克

辅料

盐半茶匙　生姜1片

营养贴士

核桃又称胡桃，富含维生素E和B族维生素，能给脑细胞供给营养，减缓脑细胞老化，延缓记忆力衰退。核桃中的亚麻油酸能滋润肌肤，经常食用有益肌肤健康。

经常熬夜，还担心掉头发？那黑豆核桃一定不能少。加了瘦肉，进一步补充了蛋白质。熬夜伤身，来碗汤调理一下吧。

做法

1　核桃仁洗净。

2　黑豆洗净，用凉水浸泡，提前一晚放冰箱冷藏。

3　瘦肉洗净，切块。

 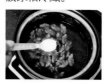

4　锅内加水约2000毫升，将所有主料与姜片一起加入锅中，大火烧开，转小火炖2小时。

5　出锅前加盐，搅匀即可。

烹饪秘籍

核桃仁最好自己从生核桃里现剥，比较新鲜。

实实在在的滋补汤 /
/ 杞桂乌鸡汤

🕐 烹饪时间：140分钟
🔥 难易程度：简单

主料

枸杞子20粒　桂圆干8粒
乌鸡300克

辅料

盐半茶匙　生姜2片

营养贴士

桂圆亦称龙眼，富含多种氨基酸、
胡萝卜素、维生素A和铁、钾等矿
物质元素，能够缓解贫血症状。

乌鸡的颜值不高，但滋补身体的效果却是实实在在。加了枸
杞子和桂圆的乌鸡，养生的功效翻倍，把滋补的特性发挥得
淋漓尽致。

烹饪秘籍

桂圆干要买带皮
的，更天然，保存
时可以入冰箱冷
冻，否则容易生虫。

做法

1　枸杞子洗净；桂圆干
洗净，去外皮、去核。

2　乌鸡洗净，去脏杂，切
成2厘米大小的块，开水
下锅焯2分钟，捞出待用。

3　锅内加水约2000毫升，
将所有主料与姜片一起
放入锅中，大火烧开，
转小火炖2小时。

4　出锅前加盐，搅匀
即可。

/ 虫草菇麦冬炖鸡脚

🕐 烹饪时间：140分钟
🔥 难易程度：简单

主料

干虫草菇30克　麦冬10粒
鸡脚200克

辅料

盐半茶匙　生姜2片

营养贴士

麦冬含有β-谷固醇、葡萄糖、多种维生素，能提高机体免疫功能，且能起到抑制多种细菌的作用。

做法

1 干虫草菇洗净，切成2段，放在碗里用凉水浸泡。

2 麦冬洗净，待用。

3 鸡脚洗净，去除趾甲，将鸡脚一切为二，开水下锅，焯2分钟，捞出待用。

4 另起锅，加水约2000毫升，将所有主料与姜片一起放入锅中，大火烧开，转小火炖2小时。

5 出锅前加盐，搅匀即可。

烹饪秘籍

1 鸡脚的趾甲一定要剪掉，这样更干净，也能减少土腥味。

2 干虫草菇可以用120克鲜虫草菇代替，用冬菇也可以。

鸡脚被长长短短的虫草菇缠绕着，褪去了本来的强硬，软软糯糯地躺在这里，等待你的欣赏。

这个鸽子有点甜／

／雪梨木瓜炖乳鸽

🕐 烹饪时间：230分钟
🔥 难易程度：简单

主料

雪梨1个（约200克）　木瓜200克
乳鸽150克

辅料

盐半茶匙　生姜1片

营养贴士

木瓜含有多种氨基酸，还含有木瓜
蛋白酶、膳食纤维及多种维生素，
可以补充营养，提高抗病能力。

做法

1　雪梨洗净、去皮，
切块。

2　木瓜洗净，去皮、去
子，切块。

3　乳鸽洗净，去脏杂，
切块，开水下锅焯1分
钟，捞出洗净待用。

4　炖盅内加水约500毫
升，将所有主料与姜片
一起放入炖盅。

5　锅内加水，炖盅放入
锅内，大火烧开，转小
火炖3.5小时。

6　盛到碗里时加盐，搅
匀即可。

烹饪秘籍

1 隔水炖时，水量无须太多，一般2个人的水
量在600毫升左右即可。
2 可以备几粒枸杞子，出锅前撒在表面点缀
一下。

用微甜的木瓜和雪梨一点点浸透鸽子，让
柔嫩鲜美的鸽子肉也带上了微微的甜。喝
下去，不由得小小地开心一下。

／黑糖益母草鸽子煲

⏱ 烹饪时间：180分钟
🔥 难易程度：简单

主料

鸽子1只（约200克）　益母草10克

辅料

黑糖10克　生姜2片

营养贴士

黑糖富含B族维生素及铁、锌等矿物质，黑糖中的葡萄糖可以直接被人体利用吸收，快速补充能量，促进血液循环。

黑糖和益母草是女性的好朋友，黑糖压了下益母草的味道，提升了整道汤品的口感。这道汤表达的就是关爱，在特别的日子里，好好享受这碗汤吧。

做法

1 益母草洗净，待用。

2 鸽子洗净，去脏杂。

3 锅中加水约2500毫升，将所有主料与黑糖、姜片一起放入锅中。

4 大火烧开，转小火炖2.5小时即可。

烹饪秘籍

本款汤品口味偏甜，如果不能接受甜的肉类汤，可以少放一些黑糖。

畅游西湖／

／龙井鲜虾莼菜汤

⏱ 烹饪时间：35分钟
🔥 难易程度：简单

主料

鲜虾150克　莼菜150克

辅料

龙井10个叶片　盐半茶匙
生姜1片

营养贴士

莼菜的黏液质含有多种营养物质，可以有效抑制细菌的生长，常被用来清热解毒，治疗痈疥疮。

一提到莼菜，就联想到西湖。西湖所产的莼菜十分有名，更是诞生了一道名菜"西湖莼菜羹"。而这碗莼菜汤也毫不逊色，味鲜清爽，让你仿佛体会到畅游西湖的美好。

烹饪秘籍

1 没有新鲜莼菜，用袋装产品也可以。

2 龙井不可换成其他茶叶，没有可以不加。

做法

1 鲜虾洗净，去须、去虾线，再次冲洗干净。

2 莼菜择净老叶，洗净，切成2厘米长的段。

3 锅中加水约1500毫升，大火烧开，加入鲜虾、莼菜段、茶叶、姜片，转小火烧20分钟。

4 出锅前加盐，搅匀即可。

滋润养颜的美人汤 /

/ 木瓜银耳鲫鱼汤

🕐 烹饪时间：140分钟（不含泡发时间）
🔥 难易程度：简单

主料

木瓜200克　银耳20克
鲫鱼1条（约300克）

辅料

盐半茶匙　生姜2片

营养贴士

银耳有"菌中之冠"的美称，富含胡萝卜素、植物胶质，有助于维持皮肤细胞的机能，对皮肤有很好的滋养作用。

做法

1 木瓜洗净，去皮、去子，切成2厘米左右的块。

2 银耳洗净，提前3小时泡发，撕成小朵。

3 鲫鱼去鳞、去脏杂，用厨房纸巾擦干鱼身水分，待用。

4 锅中加水约2000毫升，将银耳、木瓜放入锅中，大火烧开，转小火炖30分钟。

5 加入鲫鱼、姜片，继续小火炖1.5小时。

6 出锅前加盐，搅匀即可。

烹饪秘籍

1 不用买太大的鲫鱼，中等的即可。买回来要再摸一下有没没刮净的鱼鳞，腹腔也要认真清洗干净。

2 用来炖汤的木瓜不用特别熟的，皮还微微带绿，大约七成熟的就可以。

咬到银耳的那刻，有点脆；吃到木瓜时，会忘记它的水果身份；而鲫鱼，都融化在汤里了。这样一碗滋润养颜的汤品，哪个女人会拒绝呢？

迷人的甜汤／

／木瓜炖雪蛤

🕐 烹饪时间：80分钟（不含浸泡时间）
🔥 难易程度：复杂

主料

木瓜1个（约300克） 雪蛤5克

辅料

冰糖10克

做法

1 雪蛤洗净，用凉水浸泡，提前一晚放冰箱冷藏过夜。

2 浸泡好的雪蛤入开水锅中焯2分钟，捞出待用。

3 木瓜洗净，从中间切开，用勺把子剔出。

4 取一半木瓜，将雪蛤轻轻放在木瓜中间。

5 冰糖放在雪蛤上，盖上另一半木瓜，放入炖盅，加水约300毫升。

6 炖盅放入加好水的锅中，大火烧开，转小火炖1小时即可。

烹饪秘籍

1 雪蛤需提前一晚泡发，入沸水中焯一下有助于去腥。

2 木瓜还可以用黄桃代替。要买传统品种的锦绣黄桃，桃味更浓郁。

相遇不易，相知更难，感动于木瓜的无私，用自己的香甜沁润雪蛤，于是雪蛤也散发着果香，令整道汤更加迷人。

果味QQ糖 /

/ 花胶苹果雪梨汤

🕐 烹饪时间：200分钟（不含浸泡时间）
🔥 难易程度：简单

主料

花胶15克　苹果1个（约200克）
雪梨1个（约200克）

辅料

冰糖10克

做法

1 花胶洗净，放入碗中，倒入凉水没过花胶2厘米，放冰箱冷藏浸泡过夜。

2 苹果洗净，去皮、去核，切滚刀块。

3 雪梨洗净，去皮、去核，切滚刀块。

4 泡好的花胶切成2厘米长的段，开水下锅焯1分钟，捞出待用。

5 炖盅内加水约600毫升，将所有主料与冰糖一起放入炖盅。

6 锅中倒入水，放入炖盅，大火烧开，转小火炖3小时即可。

烹饪秘籍

1 花胶一定要提前一晚泡发，焯水是为了去腥。

2 苹果和雪梨本来就带甜味，可以根据自己的口味决定是否添加冰糖。

弹牙的花胶，会让喝汤的乐趣大增，辅之以苹果和梨的甜香，一时傻傻分不清是在喝汤还是在吃QQ糖。

夏日解暑汤/

/沙参玉竹冬瓜汤

🕐 烹饪时间：90分钟

🔥 难易程度：简单

主料

沙参10克　玉竹5克　冬瓜400克

辅料

盐半茶匙

做法

  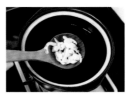

1 沙参、玉竹洗净，待用。

2 冬瓜洗净，去皮、去瓤，切成2厘米大小的块。

3 锅内加水约1500毫升，放入沙参和玉竹，大火烧开，转小火煮10分钟。

4 加入切好的冬瓜块，继续小火炖1小时。

5 出锅前加盐，搅匀即可。

烹饪秘籍

1 为了汤品颜色好看，出锅前10分钟可以加10粒左右的枸杞子装饰。

2 可以放三四粒红枣进去一起炖，会带来另一种风味。

夏日骄阳似火，感觉整个人都被烤得冒烟了。
赶快来一碗滋润心肺的汤。一口喝下去，好像
太阳也温和下来了。

／两红两白汤

🕐 烹饪时间：110分钟（不含浸泡时间）
🔥 难易程度：简单

主料

红豆50克　红枣6粒
白果6粒　鲜百合30克

辅料

白糖10克

营养贴士

红豆中富含多种维生素及矿物质，红豆中的膳食纤维有助于促进肠胃蠕动，宽肠通便。

做法

1　红豆洗净，用凉水浸泡，放冰箱冷藏过夜。

2　红枣洗净，切开、去核。

3　鲜百合剥掉外面两三层的老皮，里面嫩的掰开、洗净。

4　白果去外面硬皮，留白果仁，洗净。

5　锅中加水约1500毫升，将所有主料放入锅中，大火烧开，转小火炖1.5小时。

6　出锅前加白糖，搅匀即可。

烹饪秘籍

1 红豆也不是必须浸泡过夜，也可以在炖的时候多加水500毫升，时间多加30分钟。
2 可以在出锅前20分钟加入100克芋圆，就变成了可饱腹的汤品。

在这道汤中，红枣的枣香和红豆的豆香都很突出，而百合和白果就显得气势弱了很多，无妨，只要把自己的角色扮演好，发挥出各自的养生功效就好。

／莲子百合绿豆汤

🕐 烹饪时间：140分钟
🔥 难易程度：简单

主料

莲子30克　绿豆50克
鲜百合30克

辅料

冰糖10克

做法

1　莲子洗净，去心。

2　鲜百合剥掉外面两三层老皮，里面嫩的掰开洗净。

3　绿豆洗净，用凉水浸泡。

4　锅内加水约2000毫升，将所有主料放入锅中，大火烧开，转小火炖2小时。

5　盛到碗里时加冰糖即可。

烹饪秘籍

1 要想绿豆煮得开花软烂，可以把绿豆提前一晚浸泡，放冰箱冷藏。

2 夏季做本款汤品，可以保留莲子心，去火效果更好。

酷暑难耐，整个人也跟着烦躁起来。莲子、百合、绿豆，可以说是清暑热的"三剑客"，能够抚平心中的躁动、安抚急促的气息。夏天，心静自然凉。

顺滑的南瓜／

／南瓜牛奶西米羹

🕐 烹饪时间：65分钟
🔥 难易程度：复杂

主料

南瓜150克　西米50克
牛奶600毫升

辅料

冰糖10克

营养贴士

南瓜含有南瓜多糖，可提高机体免疫力。南瓜中的果胶可减缓肠胃对食物的吸收速度，是减脂期的理想食物。

做法

1　南瓜洗净、去皮，切成块。

2　西米用清水冲洗一下；锅中加水约500毫升，水烧开后放入西米，轻轻搅拌。

3　煮至西米边缘清透、中间略白，关火，盖锅盖闷10分钟至西米完全透明，盛出，用凉水冲洗两遍。

4　将南瓜、牛奶、西米放入炖盅，隔水炖40分钟。

5　盛出前加冰糖即可。

烹饪秘籍

1 很重要的一点在于西米的泡制，西米要泡至晶莹透明又不粘连。
2 南瓜可以换成木瓜、香蕉、黄桃、芒果，夏天时可以在做好后入冰箱冷藏，当冰品来吃。

喜欢西米入口时的顺滑，咬起来有些弹牙又略带软糯。不过西米向来低调，这次是通过南瓜和牛奶来展示自己。微甜的南瓜融合了牛奶的奶香，带给人甜蜜和幸福的感觉。

醉倒在芒果香中／

／芒果陈皮糯米羹

🕙 烹饪时间：90分钟
🔥 难易程度：简单

主料

芒果200克　陈皮5克
糯米50克

辅料

冰糖10克

营养贴士

芒果中富含胡萝卜素、维生素A、维生素C，常吃芒果可以保护视力、滋润肌肤。

做法

1 芒果洗净，去皮、去核，切成块。

2 陈皮洗净，切成丝。

3 糯米洗净，放入锅中，加水约1500毫升，大火烧开，转小火炖50分钟。

4 锅内加入陈皮和芒果，转中火，继续煮20分钟。

5 盛到碗里时加冰糖即可。

烹饪秘籍

1 陈皮最好选用广东新会陈皮。

2 芒果不要选太熟的，八成熟即可，方便切块和炖煮。

谁不曾醉倒在浓郁的芒果香气中？热烈的芒果总是能掩盖
其他食材的光芒。而柔和的陈皮正好可以收敛芒果的锋
芒，糯米则静静地吸收着它们的滋养，让自己丰盈起来。

175

青春的味道／

／青梅银耳山药羹

🕐 烹饪时间：140分钟（不含泡发时间）
🔥 难易程度：简单

主料

腌青梅2颗　干银耳20克
山药100克

辅料

冰糖10克

营养贴士

青梅富含维生素C，还含有多种有机酸，这些酸性物质是人体细胞代谢必不可少的酸类，能促进乳酸分解为二氧化碳和水排出体外，因此有抗疲劳的作用。

做法

1　干银耳洗净，提前8小时用凉水泡发，将泡发好的银耳撕成小朵。

2　山药洗净、去皮，切成片。

3　青梅取出备用。

4　锅内加水约2000毫升，将所有主料放入锅中，大火烧开，转小火炖2小时。

5　盛到碗里时加冰糖，搅匀即可。

烹饪秘籍

1 腌青梅是指用蜂蜜或者糖腌制的青梅。
2 青梅可以用山楂、金橘代替。

还记得那些青涩的岁月吗？带有青梅的微酸、银耳的爽脆，更有山药的绵软犹豫。细细品尝这碗汤，仿佛尝到了青春的味道。

/酒酿雪梨百合羹

🕐 烹饪时间：100分钟
🔥 难易程度：简单

主料

酒酿300克　雪梨1个（约200克）
干百合10克

辅料

冰糖10克

营养贴士

酒酿中含有碳水化合物、B族维生素、有机酸等，可以利水消肿、促进哺乳期女性的乳汁分泌。

粮食经过酿造散发出酒香，与雪梨的清甜结合在一起，令人迷醉。喝一口，感觉有点醉，又有点雀跃，这微醺的感觉真好。

做法

1 雪梨洗净，去皮、去核，切成块。

2 干百合洗净，放碗里，用凉水浸泡1小时，捞出待用。

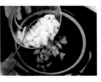

3 锅中加水约500毫升，加入雪梨块和浸泡好的百合，大火烧开，转小火炖30分钟。

4 加入酒酿和冰糖，轻轻搅拌均匀，转中火煮10分钟即可。

烹饪秘籍

1 盒装或者瓶装的酒酿本身就含有水分，如果是只有醪糟的干酒酿，水要加800毫升。

2 在出锅前5分钟加一小撮桂花，喝时会有淡淡的桂花香。

甜美的热带风情／

／花生核桃椰汁炖奶

🕐 烹饪时间：35分钟
🔥 难易程度：简单

主料

花生仁30克　　核桃仁30克
椰汁100毫升　　牛奶400毫升

辅料

白糖10克

营养贴士

椰汁中富含钾、镁等矿物质，其成分与细胞内液类似，可以缓解脱水与电解质紊乱、利尿消肿。

你心中的热带风情是怎样的?想象一下：在椰树下吹着海风，捧着一碗甜美的汤，感受着自由浪漫的气息，时光都变得耀眼起来。

烹饪秘籍

本款汤品较为稀薄，如果喜欢吃浓稠口感的，可以加50克木瓜进去，或者加30克西米，都很好吃。

做法

1 花生仁、核桃仁洗净。

2 将花生仁、核桃仁和牛奶放入料理机中打碎。

3 将打好的花生核桃牛奶倒入炖盅内，加入椰汁和白糖，搅匀。

4 将炖盅放入加好水的锅中，大火烧开，转小火，隔水炖20分钟即可。

果果们的大聚会 /

/甜甜杂果汤

🕐 烹饪时间：35分钟
🔥 难易程度：简单

主料

柚子果肉100克　苹果1个（约200克）
白心火龙果200克　木瓜100克

辅料

冰糖15克　枸杞子10粒

做法

1　柚子肉瓣成块。

2　苹果洗净、去皮，切
成块。

3　火龙果洗净、去皮，
切成块。

4　木瓜洗净、去皮、去
瓤，切成块。

5　锅中加水约1000毫升，
大火烧开，转中火，加入
主料和冰糖、枸杞子，煮
20分钟即可。

烹饪秘籍

本款汤品是水果类甜汤，可以根据自己的
口味增减水果的种类，但注意味道浓烈的
水果不要超过2种。

感谢现在物流的发达，不然一次聚齐这么多不同地域、不同季节的果子很有挑战。果子们聚在一起，合成了这碗汤，让你一次过足水果瘾。

╱罗汉果绿豆薏米汤

🕐 烹饪时间：100分钟（不含浸泡时间）
🔥 难易程度：简单

主料

罗汉果1个　绿豆50克
薏米50克

辅料

冰糖10克

营养贴士

罗汉果中的糖不产生热量，是对人体无负担的甜味来源。此外，罗汉果中含有D-甘露醇，有止咳化痰的作用。

做法

1　罗汉果去外壳，冲洗干净。

2　绿豆洗净，用凉水提前6小时浸泡。

3　薏米洗净。

4　锅内加水约2500毫升，将所有主料放入锅中，大火烧开，转中火煮1.5小时。

5　出锅前加冰糖即可。

烹饪秘籍

煮绿豆汤不要用铁锅。此外，南北方水质不同，绿豆汤颜色也会有差别，最好用净化过的水来煮。

绿豆清凉解暑，是夏天必备食材。罗汉果的加入，让
口感层次更为丰富。而薏米主要起到利水的作用。喝
碗汤，给身体放个假。

／竹蔗荸荠玉米甜汤

🕐 烹饪时间：45分钟
🔥 难易程度：简单

主料

竹蔗3节（约50克）　荸荠5个
玉米1根（约300克）　胡萝卜150克

辅料

冰糖30克

营养贴士

玉米富含膳食纤维，可以促进肠道蠕动。玉米中的玉米黄素具有预防老年性黄斑病变的作用。

做法

1 竹蔗洗净，从中间切开。

2 荸荠洗净，去皮。

3 胡萝卜洗净、去皮，切滚刀块。

4 玉米洗净，切成2厘米长的段，再从中间一分为四。

5 锅内加水约2000毫升，将所有主料与冰糖放入锅中，大火烧开，转小火炖30分钟即可。

烹饪秘籍

1 本款汤特别适合在夏天喝，煮好后放冰箱冷藏，冰糖的量可以根据个人口味适当增减。
2 汤里可以加三四粒红枣，或者十来朵胎菊，会带来另一种风味。

这款汤水很受网红店的欢迎，听起来材料复杂，带着高级感，喝起来清爽微甜又解腻。其实，自己做起来特别简单，试着加几粒红枣进去，另有一番风味。

爱情是甜蜜的 /

/蜜恋甜汤

🕐 烹饪时间：65分钟
🔥 难易程度：简单

主料

干玫瑰花4朵　红枣6粒
苹果1个（约200克）　枸杞子20粒

辅料

黑糖20克

做法

1　红枣洗净，切开去核。

2　枸杞子洗净。

3　苹果洗净、去皮、去核，切成块。

4　锅内加水约1500毫升，将苹果块、红枣、枸杞子放入锅中，大火烧开，转小火炖40分钟。

5　玫瑰花瓣用清水冲一下，和黑糖一起放入锅中，继续煮10分钟即可。

烹饪秘籍

1 建议选山东平阴的玫瑰花，香味温和隽永，喝完口齿留香。

2 黑糖可以选用云南产的手工黑糖。

恋爱是什么味道的？当然是甜的！就如同这碗甜汤，带着枸杞子的微甜，散发着玫瑰的香氛，入口之后，还能品尝到浓烈的枣香和黑糖的甜美，这才是爱情的滋味。

／三果两豆汤

🕐 烹饪时间：160分钟（不含浸泡时间）
🔥 难易程度：简单

主料

苹果1个（约200克） 梨1个（约200克）
红豆30克 白芸豆15粒

辅料

冰糖10克 柠檬1片

营养贴士

芸豆富含蛋白质、膳食纤维、维生素A、硫胺素、核黄素、钙、铁、钾等，是补钙、补铁的优选食材。

做法

1 苹果洗净，去皮、去核，切块。

2 梨洗净，去皮、去核，切块。

3 红豆、芸豆洗净，提前8小时用凉水浸泡。

4 锅中加水约2500毫升，放入芸豆和红豆，大火烧开，转小火炖2小时。

5 放入苹果块和梨块，继续炖30分钟。

6 出锅前加入冰糖，放入柠檬片即可。

烹饪秘籍

1 微微有些柠檬的味道即可，所以在最后才加入。

2 芸豆比较难煮，最好提前一晚用凉水浸泡，入冰箱冷藏过夜。

豆子们一向不喧宾夺主，但在这道汤中，它们却带给
人格外的欣喜。甜甜的软烂的豆子，入口即化，让你
吃出满足和幸福的感觉。

萨巴厨房® 系列图书

吃出健康系列

沙拉花园

能量果蔬汁

营养辅食轻松做

好喝的粥

减脂轻食

蔬果沙拉

粗粮细做

像营养师一样吃晚餐

像妈妈一样吃早餐

滋补靓汤

主食沙拉

一煲好汤

一碗好粥

元气素食

低卡饱腹健康餐

多吃蔬菜身体好

沙拉与果蔬汁

轻食沙拉纤体瘦身

24节气养生餐

沙拉与三明治

无烟少油轻食料理

减脂健康餐

诱人的减脂料理

0-3岁宝宝营养辅食全攻略

广式滋补汤

0-7岁聪明宝宝餐

给孩子吃的快手营养早餐

0-12岁孩子成长餐

手作健康零食

怀孕期营养食谱

汤汤水水滋养全家

汤水之爱

月子期营养食谱

减肥就是好好吃饭

懒人下厨房系列

家常美食系列

图书在版编目（CIP）数据

萨巴厨房. 广式滋补靓汤 / 萨巴蒂娜主编 . —北京：
中国轻工业出版社，2020.12

ISBN 978-7-5184-2496-2

Ⅰ . ①萨… Ⅱ . ①萨… Ⅲ . ①保健 – 汤菜 – 菜谱
Ⅳ . ① TS972.12

中国版本图书馆 CIP 数据核字（2019）第 108672 号

责任编辑：高惠京　　责任终审：劳国强　　整体设计：锋尚设计
策划编辑：龙志丹　　责任校对：李　靖　　责任监印：张京华

出版发行：中国轻工业出版社（北京东长安街6号，邮编：100740）

印　　刷：北京博海升彩色印刷有限公司

经　　销：各地新华书店

版　　次：2020年12月第1版第2次印刷

开　　本：710×1000　1/16　印张：12

字　　数：200千字

书　　号：ISBN 978-7-5184-2496-2　定价：49.80元

邮购电话：010-65241695

发行电话：010-85119835　传真：85113293

网　　址：http://www.chlip.com.cn

Email：club@chlip.com.cn

如发现图书残缺请与我社邮购联系调换

201386S1C102ZBW